매월 알찬 집밥

요즘 새댁의 식비 절약 테마 사전

전혜진 지음

일러두기

- 책에 소개한 레시피는 1.5~2인분 기준입니다. 1.5~2인분이 아닌 경우, 각 레시피에 별도로 표기해두었습니다.
- 매월 장보기 전략의 재료는 각 레시피의 주된 재료 위주로 정리했습니다.
  따라서 각 레시피의 세부 재료가 빠져 있을 수 있습니다. 정확한 재료는 본문의 레시피를 확인해주세요.
- 본문의 소요 시간과 난이도는 개인의 요리 실력 및 환경에 따라 다를 수 있습니다.
- 살림 팁에 소개된 내용은 저자의 개인적 경험으로 인한 견해로, 과학적 사실과 다를 수 있습니다.

매월 알찬 집밥

초판 1쇄 발행 · 2025년 5월 22일

지은이 · 전혜진

발행인 · 우현진
발행처 · (주)용감한 까치
출판사 등록일 · 2017년 4월 25일
팩스 · 02)6008-8266
홈페이지 · www.bravekkachi.co.kr
이메일 · aoqnf@naver.com

기획 및 책임편집 · 우혜진
마케팅 · 리자
디자인 · 백설미디어 교정교열 · 이정현
CTP 출력 및 인쇄 · 제본 · 이든미디어

ISBN 979-11-91994-39-1(13590)

감성의 키움, 감정의 돌봄 **용감한 까치 출판사**
용감한 까치는 콘텐츠의 樂을 지향하며 일상 속 판타지를 응원합니다. 사람의 감성을 키우고 마음을 돌봐주는 다양한 즐거움과 재미를 위한 콘텐츠를 연구합니다. 우리의 오늘이 답답하지 않기를 기대하며 뻥 뚫리는 즐거움이 가득한 공감 콘텐츠를 만들어갑니다. 아날로그와 디지털의 기발한 콘텐츠 커넥션을 추구하며 활자에 기대어 위안을 얻을 수 있기를 바랍니다. 나를 가장 잘 아는 콘텐츠, 까치의 반가운 소식을 만나보세요!

세상에서 가장 용감한 고양이 '까치!'

동물 병원 블랙리스트 까치. 예쁘다고 만지는 사람들 손을 마구 물고 할퀴며 사나운 행동을 일삼아 못된 고양이로 소문이 났지만, 사실 까치는 누구보다도 사람들을 사랑하는 고양이예요. 사람들과 친해지고 싶은 마음에 주위를 뱅뱅 맴돌지만, 정작 손이 다가오는 순간에는 너무 무서워 할퀴고 보는 까치.

그러던 어느 날, 사람들에게 미움만 받고 혼자 울고 있는 까치에게 한 아저씨가 다가와 손을 내밀었어요. "만져도 되겠니?"라는 말과 함께 천천히 기다려준 그 아저씨는 "인생은 가까이에서 보면 비극이지만, 멀리서 보면 코미디란다"라는 말만 남기고 횡하니 가버리는 게 아니겠어요?

울고 있던 겁 많은 고양이 까치는 아저씨 말에 마지막으로 한 번 더 용기를 내보기로 했어요. 용기를 내 '용감'하게 사람들에게 다가가 마음을 표현하기로 결심했죠. 그래도 아직은 무서우니까, 용기를 잃지 않기 위해 아저씨가 입던 옷과 똑같은 옷을 입고 길을 나섭니다. '인생은 코미디'라는 말처럼, 사람들에게 코미디 같은 뻥 뚫리는 즐거움을 줄 수 있는 뚫어뻥 마법 지팡이와 함께 말이죠.

과연 겁 많은 고양이 까치는 세상에서 가장 용감한 고양이가 될 수 있을까요? 세상에서 가장 용감한 고양이 까치의 여행을 함께 응원해주세요!

매월
─────────
알차게 즐기는
─────────
열두 달 테마 이야기
─────────

요즘은 장을 보고 나면 제일 먼저 영수증부터 살펴보게 돼요.
카트에 담은 것도 별로 없는 듯한데, 결제 금액은 금세 3만 원을 넘기고
대형 마트라도 다녀온 날에는 10만 원도 순식간이죠.

"이걸로 몇 끼나 해 먹을 수 있을까?"
장을 보고도 마음이 편치 않을 때가 많아졌어요. 평소보다 많이 산 것도 아닌데
지출이 자꾸 늘어나니까요.

살림을 시작하고 가계부를 쓴 건 '도대체 왜 생활비가 매달 빠듯하지?'라는 의문 때문이었어요.
꼼꼼히 살펴보니 생각보다 많은 고정 지출과 매달 들쑥날쑥한 식비가 눈에 들어왔죠.
분명히 신경 써서 장을 봤는데, 냉장고에는 애매하게 남은 재료가 쌓이고,
결국 제대로 활용되지 못한 채 버려지고 있더라고요.
그때 깨달았어요. 버려지는 재료만 줄여도 생활비를 충분히 줄일 수 있다는 것을요.

그래서 덜 사고, 덜 버리면서 예산 안에서 알차게 해 먹는 방법을 하나씩 실험해보았습니다.
처음에는 남은 식재료를 어떻게 활용해야 할지 몰라 헤맸지만,
조금씩 저만의 기준이 생겨났어요.
작은 팁이 쌓이자 장을 볼 때나 냉장고를 열 때 덜 고민하고
더 실속 있게 움직이게 되었습니다.

'한 가지 재료로 두세 가지 요리를 만들자',

'이 재료는 이 계절에 쓰면 좋겠다',

'냉동 보관은 이렇게 해야 안 버리게 된다'

이 책은 그렇게 쌓아온 살림 아이디어를 모은,

저와 여러분의 주방을 위한 작은 가이드북이에요.

무작정 따라 하기보다 '매월 알찬 집밥'이라는 제목처럼,

한번 사 온 재료를 다양하게 돌려쓰면서, 버려지는 재료 없이

다음 요리로 자연스럽게 이어질 수 있도록 열두 달의 테마를 구성했습니다.

한 달에 하나씩 계절과 현실에 어울리도록

어떤 달은 2만 원으로 일주일 식단을 알차게 채워보기도 하고,

어떤 달은 냉장고 비우기 프로젝트를 실천하며 현실적인 집밥 레시피를 담았습니다.

봄에는 입맛 돋우는 메뉴를, 여름에는 간단하게 만들 수 있는 한 끼를….

생활 속에서 쉽게 실천할 수 있는 전략과 재료를 끝까지 알차게 쓰는 노하우를 소개합니다.

꼭 1월부터 읽지 않아도 좋아요.

지금 우리 집 식비 걱정과 냉장고 사정에 맞는 달부터 부담 없이 펼쳐보세요.

손에 잡히는 페이지 하나로 오늘의 식탁이 조금 더 쉬워진다면, 그걸로 충분하니까요.

〔CONTENTS〕

1월

2만 원으로 알뜰한 새해 맞이하기

2월

영양까지 챙긴, 우리 가족 건강 밥상

7월

삼복 더위를 이겨내는 7월의 집밥

8월

반찬 없이 한 그릇으로 끝내는 레시피

9월

가을맞이 제철 구황작물 요리

10월

속까지 든든하게 채우는 환절기 밥상

11월

바다 향을 가득 품은 겨울철 요리

12월

연말을 풍성하게 장식 할 집밥 레시피

실패하지 않는 매월 알찬 반찬

한 달 식비를 50% 줄여주는 살림 습관 여섯 가지

1. 계획은 느슨하게, 식비는 탄탄하게!

"식비를 절약하고 싶다면 일주일 식단을 계획하세요." 이런 조언, 한 번쯤 들어본 적 있죠? 조금은 뻔하게 들릴 수도 있지만, 실제로 많은 사람들이 식비를 줄이기 위한 방법으로 식단 계획을 활용하고 있어요. 저도 처음 살림을 시작했을 때 이 조언에 따라 일주일 식단을 요일별로 정리했어요. 하지만 막상 실천해보니 '오늘은 꼭 이걸 먹어야 한다'는 압박감이 생기기도 했고, 재료가 부족하거나 가족 입맛과 달라 스트레스를 받는 날도 있었죠. 그래서 지금은 조금 더 유연한 방식으로 식단을 계획하고 있어요. 일주일 동안 해 먹고 싶은 메뉴를 5~6가지쯤 미리 정해두고, 그날그날 상황이나 기분에 따라 그중 하나를 골라 요리하는 식입니다.

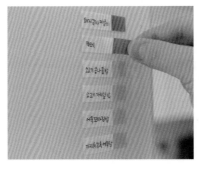
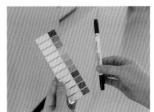

예를 들어 유통기간이 얼마 남지 않은 식재료로 만드는 메뉴는 빨간색 인덱스에, 여유롭게 소비해도 되는 메뉴는 노란색 인덱스에 적어 구분해요. '돼지고기김치찌개'는 빨간색에, '가지볶음'처럼 유연하게 미룰 수 있는 메뉴는 노란색에 적는 식이에요. 하루에 하나씩 골라 만들고, 만든 메뉴는 떼어내면서 일주일 식단을 자연스럽게 채워나갑니다. 이런 방식의 장점은 특정 요일에 특정 메뉴를 고집하지 않아도 된다는 거예요. 냉장고 안 재료를 효율적으로 소진할 수 있고, 컨디션이나 가족 분위기에 따라 메뉴를 자유롭게 조절할 수 있다는 점에서 스트레스가 훨씬 덜하더라고요. 무엇보다 이 방식 덕분에 자연스럽게 배달 앱을 켜는 일이 줄었고, 즉흥적인 장보기도 줄었습니다. 결과적으로 한 달 식비가 약 10~15% 줄었고, 냉장고 속 재료만으로도 충분히 한 끼를 해결할 수 있다는 자신감도 생겼어요.

식단 계획을 '계획표처럼 칼같이 지켜야 하는 것'이라고 생각할 필요는 없어요. 조금은 느슨하지만 나에게 맞는 방식으로 접근한다면, 식비 절약은 물론이고 매일의 식사가 훨씬 가볍고 즐거운 일이 될 거예요.

2. 냉동실에 '비상용 한 끼'만 있어도 충분해요

간편식을 활용해 식사를 준비하는 건 요즘처럼 바쁜 때 매력적인 선택이에요. 시간도 아끼고, 조리 과정도 단순하니까요. 하지만 저는 처음에 식비 절약을 실천할 때 '간편식은 돈 아깝다'는 편견이 있었어요. 냉동식품에 돈을 쓰느니, 차라리 식재료를 사서 직접 요리해서 더 많이, 더 알뜰하게 먹는 게 낫다고 생각했거든요. 자투리 채소도 남기지 않고 다른 반찬에 활용하고, 국 하나 끓이면 이틀은 먹을 수 있었으니까요. 그런데 생각처럼 매번 손수 요리한 음식만으로 집밥을 실천하기는 어렵더라고요. 갑자기 외출이 생기거나, 컨디션이 안 좋은 날, 혹은 너무 피곤해서 요리하기 싫은 날도 있잖아요. 그래서 어느 순간부터 '비상용 한 끼'를 준비해두게 되었어요.

실천
TIP

지금 냉동실에 뭐가 들어 있나요? 딱 1~2가지 재료만 더하면 이렇게 변신시킬 수 있어요!
• 돈가스 + 양파 + 달걀 →
돈가스덮밥
• 떡갈비 + 달걀 + 밥 + 김가루 → 떡갈비밥버거

　　떡갈비, 카레, 동그랑땡 같은 간편식은 물론이고, 돈가스나 만두도 냉동실에 꼭 한 가지씩 넣어두고 있어요. 예를 들어 갑자기 밥하기 싫은 날엔 냉동 돈가스를 꺼내 양파, 달걀만 더해서 돈가스덮밥을 뚝딱 만들고, 남은 만두로는 에어프라이어에 돌려 간단한 만두강정을 만들어 먹어요. 그렇게 비상식량을 채워둔 이후로는 외식이나 배달을 고르는 횟수가 확 줄었고, 식비도 눈에 띄게 줄었어요. 처음부터 매 끼니를 직접 만들어야 한다고 너무 타이트하게 생각하지 말고, '내가 요리 못할 날도 분명히 생긴다'는 전제 아래 대비하는 것. 그것이 오히려 더 알뜰하고 지혜로운 식비 관리라는 걸 요즘에야 비로소 깨달았어요.

실천
TIP

이번 주, 고기 없이도 괜찮은 한 끼에 도전해보세요!

• 두부
스테이크, 조림, 카레, 덮밥 어디든 OK

• 버섯
국물 요리, 볶음, 덮밥으로 더욱 다채롭게

• 달걀
반찬, 밥 요리, 간식까지 다 되는 만능 식재료!

• 어묵
탕, 볶음, 조림으로 활용도 최고

※ 이번 주 식단에서 하루 정도는 고기대신 이 중 하나로 한 끼 구성해보세요. 충분히 맛있고, 지출도 한결 가벼워질 거예요.

3. 식비가 줄지 않는 이유, 혹시 이 습관 때문일까요?

　　식단을 열심히 계획하고, 장도 꼼꼼히 보는데 왠지 모르게 식비가 줄지 않는다고 느낀 적 있으세요? 또는 지금도 좋은데 식비를 더 줄이고 싶은 마음이 들기도 하죠. 저도 한동안 그랬어요. 매번 잘 실천하고 있다고 생각했는데 가계부를 보면 자꾸 식비가 생각보다 많은 거예요. 그래서 제 식습관을 곰곰이 돌아봤죠. 그랬더니 딱 보이는 게 하나 있었어요. '매 끼니에 고기반찬 하나씩 꼭 넣고 있었다'는 것. 물론 고기 반찬이 나쁜 건 아니지만, 무의식적으로 매끼 고기 요리를 기본으로 생각하다 보면 재료비도 급격히 올라가고, 금세 식비가 늘어나더라고요. 그래서 저는 '고기가 없어도 만족스러운 한 끼'를 찾는 연습을 하기로 했어요. 처음엔 막막했지만 비교적 가격 변동이 없는 두부, 달걀, 버섯, 어묵 같은 '가성비 재료 4대장'을 중심으로 식단을 구성해봤죠. 가장 자주 활용하는 건 두부예요. 들기름에 구워 간장소스만 곁들여도 훌륭한 반찬이 되고, 때에 따라서 자투리 채소를 넣고 두부스테이크를 만들면 고기는 없이도 단백질까지 챙긴 근사한 한 끼 식사가 돼요. 팽이버섯은 된장찌개, 순두부찌개, 달걀국 등에 넣으면 간단한 국물 요리도 더 풍성하게 만들어주는 '변신 마법사'죠. 스크램블드에그, 달걀찜, 오므라이스, 샌드위치 속 재료까지, 어디든 활용할 수 있어요. 물론 처음엔 '이걸로 배가 찰까?' 싶었는데, 하루쯤은 고기 없이도 충분히 든든하고 만족스러운 식사가 되더라고요. 무엇보다도 장바구니 부담이 확 줄어든 걸 느껴요.

4. 나는 한 달에 몇 번이나 배달을 주문할까요?

혹시 무의식적으로 배달 앱부터 켜는 게 습관처럼 되어 있진 않나요? 특별히 뭘 먹고 싶은 것도 아닌데, 요리하기 귀찮다는 이유 하나로 외식이나 배달을 택했던 적, 저도 많았어요. 그런데 어느 날 가계부를 정리하다가 깜짝 놀랐어요. 한 달에 서너 번쯤이라고 생각했던 배달이 실제로는 다섯 번 넘게 찍혀 있었던 거예요. 물론 바쁜 날이나 컨디션이 안 좋은 날엔 배달이 유용합니다. 하지만 자주 이용하다 보면, 배달비, 포장비, 최소 주문 금액 맞추기 같은 부가 비용이 쌓이고 쌓여서 식비가 눈에 띄게 늘어나더라고요. 그래서 저는 그때부터 '배달 횟수 줄이기'를 실천하기 시작했어요. 처음엔 일주일에 세 번이던 배달을 한두 번으로, 요즘은 한 달에 한두 번만 허용하는 방식으로 바꿨어요. 배달 횟수는 집집마다 생활 패턴이 달라서 정답이 있는 건 아니지만, 한 달에 1~2회 정도로 줄여보는 걸 권하고 싶어요. 처음엔 막막하게 느껴질 수도 있지만, 식비 절약은 물론이고 건강에도 도움이 되니 꼭 한번 시도해봤으면 해요.

5. 제철 식재료, 알고 고르면 식비가 달라져요

요즘은 계절과 상관없이 마트에서 다양한 식재료를 손쉽게 구할 수 있습니다. 하지만 식비를 효율적으로 관리하기 위해선 '제철 식재료'에 주목할 필요가 있습니다. 특히 계절이 바뀔 때는 특정 식재료의 생산량과 가격이 함께 변동되기 때문에, 같은 품목이라도 맛이 좋고, 가격이 비교적 낮은 경우가 많습니다. 예를 들어 여름에는 수박과 토마토가 풍부하게 수확되어 가격이

실천 TIP

'배달 줄이기' 이렇게 시작해 보세요!

• 배달 허용 횟수를 정해보세요.
예: 한 달 2회 / 주 1회 제한

• 이번 달 배달 내역을 확인해보세요.
생각보다 많을지도 몰라요!

• 간단히 먹을 수 있는 메뉴를 미리 정리해두세요.
예: 간장달걀밥, 간단 볶음밥 등

☞ 요리 실력이 중요한 게 아니에요. '오늘은 시켜 먹지 않고도 해결했다'는 경험, 그것 하나만으로도 충분히 의미 있어요.

낮아지는 반면, 겨울에는 시금치와 배추의 가격이 낮아지는 경향이 있어요. 이를 바탕으로 가격이 오른 식재료는 잠시 식단에서 제외하고, 예산 내에서 제철 채소와 과일을 중심으로 식단을 구성하는 것이 현명한 선택일 수 있습니다. 제철 식재료는 영양가가 풍부하면서도 가격이 저렴하기 때문에, 현명하고 건강한 식생활을 유지하는 데도 큰 도움이 될 거예요.

실천
TIP

식재료를 구입하기 전, 지금 이 재료가 제철인지 한번 체크해보세요. 같은 요리라도 제철 재료로 구성하면 재료비는 낮고, 맛은 한층 풍부해집니다.

	봄(3~5월)	여름(6~8월)	가을(9~11월)	겨울(12~2월)
해산물	바지락, 주꾸미, 도다리, 소라, 키조개, 미더덕, 멍게, 암꽃게	장어, 갈치, 오징어	전복, 고등어, 대하, 굴, 꽁치, 홍합, 수꽃게, 다시마	굴, 홍합, 가리비, 꼬막, 삼치, 명태, 과메기
과일	딸기, 한라봉, 천혜향	매실, 참외, 앵두, 수박, 복숭아, 포도, 자두, 복분자, 멜론, 블루베리	사과, 배, 무화과, 키위, 밤, 석류, 단감, 유자, 홍시	귤, 딸기, 배, 한라봉
채소	냉이, 달래, 두릅, 봄동, 쪽파, 미나리, 쑥, 취나물, 당근, 양배추, 마늘종, 도라지, 양파	감자, 참나물, 부추, 깻잎, 상추, 옥수수, 토마토, 파프리카, 가지, 고추, 오이, 애호박	고구마, 연근, 무, 당근, 브로콜리, 단호박, 양배추	우엉, 무, 배추, 더덕, 봄동, 시금치, 양배추

6. 오늘은 주방에 10분만 머물러볼까요?

집밥이 식비 절약에 좋다는 건 누구나 알고 있을 거예요. 그런데 막상 요리를 하려면 손도 가고 시간도 들죠. 무엇보다 주방에 들어가는 것 자체가 싫어질 때가 있어요. 저도 종종 그런 날이 찾아오더라고요. 그럴 땐 '내가 게을러서 그런가' 자책하기보다 주방과의 거리감부터 줄여보는 게 더 효과적이었어요. 저만의 첫 번째 방법은 아주 사소한 요리부터 시작해보는 거예요. 달걀 하나 풀어서 스크램블드에그 해보기, 밀키트 하나 사서 끓이기만 해보기, TV에서 본 간단한 메뉴 따라 해보기. '요리를 잘해야 한다'는 생각보다 '오늘은 주방에 10분만 서보자'는 마음으로 부담을 줄이니 조금씩 주방이 낯설지 않게 느껴졌고, 어느 순간 '오늘 뭐 먹지?'가 막막함이 아니라 설렘으로 바뀌었어요. 다음 두 번째 방법은 좋아하는 주방 도구 하나를 들이는 거예요. 손에 착 감기는 조리 도구, 감성 가득한 프라이팬, 예쁜 접시 한 장 등 별거 아닌 것 같아도 마음에 드는 도구 하나만 있어도 '오늘은 이걸로 뭐라도 해볼까?' 하는 기대가 생기더라고요. 저도 한동안은 주물 냄비에 푹 빠졌던 때가 있어요. 처음으로 솥밥을 지어봤는데, 뚜껑을 열 때 나는 고소한 향, 밑에 생긴 누룽지가 너무 좋아서 '내일은 이 냄비로 어떤 솥밥을 해볼까?' 하는 생각이 절로 들었죠. 주방을 '귀찮은 공간'이 아니라, 내 취향을 담을 수 있는 공간으로 바꿔보는 것. 의외로 그런 작은 변화 하나가 일상에 소소한 기쁨을 가져다줄 거예요.

실천
TIP

• 나를 위한 '예쁜 주방템' 하나 장만하기
• 매주 한 번, 내가 할 수 있는 가장 쉬운 요리 도전하기
• '오늘은 주방에 10분만 서보자'는 마음먹기

식비 절약의 첫걸음, 예산, 식단, 장보기까지 똑똑하게

1. 식비 예산 설정: 이론을 실생활로 옮겨보자

지금까지 식비를 줄이는 다양한 실천 방법을 살펴봤다면, 이제는 그 기반이 되는 '예산'을 조금 더 들여다볼 차례예요. 식비 절약을 잘 실천하려면, 우선 '얼마를 쓰고 있는지' 정확히 아는 게 중요하니까요. 그런데 막상 예산을 정하려고 하면, 어디서부터 시작해야 할지 막막할 수 있어요. 저도 처음엔 '우리 집 식비는 적당한 걸까?', '얼마를 써야 과하지 않은 걸까?' 같은 생각부터 떠올랐어요. 그래서 먼저 해본 건 최근 3개월간의 식비로 월평균을 내보는 거였어요. 외식, 배달, 장보기까지 다 포함해서요. 이렇게 숫자로 확인해보니 '왜 이렇게 많이 나왔지?' 싶던 식비의 흐름이 눈에 들어왔죠. 보통 경제 전문가들은 월 소득의 20~30% 정도를 식비로 사용하는 것을 권장해요. 하지만 이건 어디까지나 참고일 뿐, 각자의 상황에 따라 달라질 수 있죠. 예를 들어 저는 신혼 초에 청약통장 자금을 마련하려고 한 달 식비를 월 수입의 7%로 아주 타이트하게 잡아본 적도 있었어요. 한 달에 30만 원도 안 되는 금액으로 외식 없이 집밥만 해 먹었는데, 쉽진 않았지만 그때 아낀 덕분에 실제로 청약에 당첨됐고, 지금 생각해보면 그 선택이 정말 값졌다고 느껴요. 처음부터 완벽하게 예산을 짜야 한다고 부담 갖지 않으셔도 돼요. 한 달 식비 목표를 대략 정해두고, 식단과 장보기를 그에 맞춰보는 연습만 시작해도 충분해요. 하다 보면 어느새 내 생활에 딱 맞는 식비 기준을 스스로 찾아가게 될 거예요.

2. 식단 계획 및 재료 관리: 식비 예산을 효율적으로 관리하기

한 달 식비 예산을 정했다면, 이제 그 안에서 무얼, 어떻게 먹을까 계획할 차례예요. 저는 메뉴부터 정하기보다 늘 냉장고 속에 남아 있는 재료를 파악해봅니다. 남은 재료를 중심으로 일주일 식단을 느슨하게 구성해보는 거죠. 이때 유용한 도구가 바로 '냉장고 지도'예요. A4용지에 냉장고 형태를 그려서 각 칸에 어떤 식재료가 있는지 적어두면, 문을 여닫지 않고도 전체 흐름을 한눈에 파악할 수 있고 유통기한이 얼마 남지 않은 재료도 쉽게 걸러낼 수 있어요.

　예를 들어 애호박이 1개, 깻잎이 반 봉지 남아 있다면 머릿속에 이런 메뉴가 툭툭 떠올라요. 애호박부침개, 깻잎김치, 엇, 닭만 사면 깻잎닭갈비도 가능하겠네!" 그럼 장보기 목록에 닭이 추가되는 거죠. 이런 식으로 냉장고 안 재료를 조합해서 만들 수 있는 메뉴를 생각해보고, 빠진 재료가 있다면 장보기 목록에 추가하는 방식으로 진행합니다. 식비 예산을 조금 더 꼼꼼히 관리하고 싶다면, 한 달 예산을 4주로 나눠보는 것도 좋아요.

예를 들어 예산이 40만 원이라면, 일주일에 10만 원 범위 안에서 장을 보면 불필요한 소비는 줄이고, 남은 예산은 외식이나 특별식에 활용할 수도 있어요. 그리고 꼭 황금 레시피에 맞춰 모든 재료를 준비할 필요는 없어요. 예를 들어 닭갈비에 고구마, 양배추, 청양고추를 넣는다면 고구마 하나쯤은 빠져도 괜찮아요. 상황에 따라 일부는 생략하거나 대체해도 충분히 맛있는 요리가 완성돼요. 또 고기반찬을 생략하기 어렵다면, 삼겹살 대신 앞다리 살이나 뒷다리 살처럼 비교적 저렴한 부위를 쓰거나, 차돌박이 대신 우삼겹을 선택해보는 것도 좋은 방법이에요. 이런 습관이 하나둘 쌓이다 보면, '식비 절약'이라는 말이 더 이상 부담스럽지 않게 느껴질 거예요.

3. 현명한 장보기 방법: 장을 볼 때 놓치지 말아야 할 포인트

이제 일주일 식단을 정했다면, 그 식단을 채워줄 재료들을 사러 갈 차례예요. 장을 볼 땐 어디서, 어떻게 사느냐도 중요한 포인트거든요. 요즘은 온라인과 오프라인 모두 장보기 선택지가 다양하죠. 온라인은 손쉽게 가격 비교도 가능하고, 원하는 시간에 주문할 수 있는 게 큰 장점이에요. 다만, 신선식품은 실제 상태를 확인할 수 없어 아쉬울 때가 있고, 배송비가 추가되기도 해요. 오프라인은 직접 보고 고를 수 있어 품질 면에서는 믿음이 가지만, 이동 시간이나 체력 소모는 감안해야 하죠. 이 둘 중 어떤 방식을 선택하든, 중요한 건 '예산을 지키며 필요한 것만 사는 습관'이에요. 할인 행사, 1+1, 묶음 구성 등 유혹이 정말 많아요. 저도 "이건 사두면 언젠가 쓰겠지?" 하며 장바구니에 넣은 적이 한두 번이 아니에요. 하지만 충동구매가 모이면, 계획했던 식비를 금세 초과하게 되죠. 그래서 장을 보기 전엔 미리 필요한 품목을 정리해두고, 그 리스트에 집중하는 게 중요해요. 할인 행사도 마찬가지예요. 원래 사려던 물건이 마침 할인 중이라면 당연히 좋은 기회지만, 애초에 필요 없는 물건은 아무리 저렴해도 일단 '지출'이니까요. 온라인으로 장을 볼 예정이라면, 배송 옵션도 한 번쯤 확인해보세요. 당일 배송, 새벽 배송, 무료 배송 조건 등이 다르니까요. 대표적인 온라인 플랫폼 세 곳의 특징을 정리해둔 표를 보고 참고하세요.

	특징	할인 및 혜택	특이 사항	배송
오아시스마켓	· 친환경 및 유기농 제품을 중심으로 한 상품 구성 · 생협 기반으로 유기농, 무농약 제품과 건강한 제품 제공 · 유기농 채소, 과일, 고기, 가공식품 등 다양 · 포장 재활용 및 친환경 옵션 제공	· 첫 구매 & 신규 회원 혜택 ※ 쿠폰 제공 및 인기 상품 100원 혜택 · **친구 추천 혜택** 회원 가입 시 추천 아이디를 입력하면 할인 쿠폰 제공 · **베스트 후기 혜택** 매월 30명을 선정해 1만 포인트 지급 · **정기 배송 서비스** 일부 상품의 경우 정기 배송 시 추가 할인 혜택 제공 · 오아시스 전용 신용카드 사용 시 추가 할인 혜택 제공	· 유기농 및 친환경적인 제품을 선호하고 자주 구매하는 고객에게 적합 · 새벽 배송 서비스 지역의 경우 빠르게 배송을 받아볼 수 있음 · 일부 지역에는 오프라인 매장이 있음	· **새벽 배송** 밤 11시까지 주문 시 다음날 오전 7시까지 배송 · 7일 이내 배송일 지정 가능 · 3만 원 이상 구매 시 무료 배송 · 무료 배송 조건 미충족 시 기본 배송료 5,000원 부과
마켓컬리	· 다양한 간편식 및 밀키트 상품을 주력으로 취급 · 컬리스(마켓컬리 자체 PB 브랜드) 제품은 합리적인 가격으로 제공 · KF365, KS365, 알뜰쇼핑 등의 코너를 통해 저렴한 가격으로 상품 구매 가능	· **컬리패스** 월 4,500원으로 1만 5,000원 이상 구매 시 무료 배송 · **컬리멤버스** 월 1,900원으로 매달 할인 쿠폰 및 특가 혜택 제공 · 첫 구매 & 신규 회원 최대 1만 원 할인 쿠폰 혜택 · **친구 추천 혜택** 회원 가입 시 추천 아이디를 입력하면 할인 쿠폰 제공	· 고품질의 신선한 식품과 프리미엄 간편식을 선호하는 소비자에게 적합 · 전월 구매 실적에 따라 적립, 할인 쿠폰 등 추가 혜택 제공	· **샛별 배송** 밤 11시까지 주문 시 익일 오전 7시까지 배송 · **4만 원 이상 구매 시 무료 배송** ※ 컬리패스 이용 시 1만 5,000원 이상 구매 시 무료 배송 · 무료 배송 조건 미충족 시 기본 배송료 3,000원 부과
쿠팡로켓프레쉬	· **다양한 제품군** 신선식품, 가공식품, 생활용품 등 다양한 상품 취급 · 쿠팡 자체 PB(곰곰) 제품은 합리적인 가격으로 제공 · 전국 물류 센터 운영으로 신속한 배송 서비스 제공	· **로켓와우 멤버십** 월 7,890원으로 무료 배송 혜택 ※ 로켓프레시 포함 · **회원 할인** 로켓와우 회원에게만 제공되는 추가 할인 · 특가 할인 찬스, 타임 할인, 마감 세일 등의 코너를 통해 상품을 할인가에 구매할 수 있음	· 신속한 배송을 원하는 소비자에게 적합, 특히 오전 배송은 당일 오후 8시까지 배송 완료 · 서비스 지역이 아닌 경우 주문 및 배송 불가	· **새벽 배송** 밤 12시까지 주문 시 익일 오전 7시까지 배송 완료 · 1만 5,000원 이상 구매 시 무료 배송 ※ 로켓와우 멤버십에 가입한 회원만 이용할 수 있음

요리를 더 맛있게 만드는 첫걸음은 바로 '정확한 계량'이에요. 이 책에 나오는 모든 레시피는 일반적인 밥숟가락 대신 표준 계량 도구를 기준으로 구성되어 있어요. 입맛은 개인차가 있으니, 레시피의 양을 기준 삼아 기호에 따라 조절해주세요. 예를 들어 단맛이 강하다 느껴진다면, 단맛 재료의 양을 줄여보면 좋습니다.

1. 기본 계량

항목	용량	설명
1큰술(Tbsp)	15ml	가루류/액체류/장류 모두 평평하게 담기
½큰술	7.5ml	7.5ml짜리 계량스푼 사용 또는 1큰술의 절반
1작은술(tsp)	5ml	작은 계량스푼 사용, 넘치지 않게 평평하게 담기
1컵	200ml	컵 눈금확인

※ 표준 계량을 지키면 맛의 오차가 줄고, 실패 없는 요리에 한 걸음 더 가까워져요.

2. 계량 도구 예시

좌 1큰술(15ml)
우 1작은술(5ml)

계량컵(200ml)

3. 계량할 때 이렇게 해요

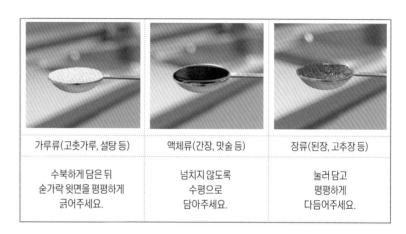

가루류(고춧가루, 설탕 등)	액체류(간장, 맛술 등)	장류(된장, 고추장 등)
수북하게 담은 뒤 숟가락 윗면을 평평하게 긁어주세요.	넘치지 않도록 수평으로 담아주세요.	눌러 담고 평평하게 다듬어주세요.

기본 식재료 & 오래 보관하는 방법

집밥을 실천하기 위해서는 언제든 요리를 할 수 있도록 준비해두는 것이 중요합니다. 저는 요리에 반드시 사용하는 주요 식재료를 '기본 식재료'라고 정하고 냉장고에 항상 구비해둬요. 이렇게 하면 최소한의 재료만 있어도 다양한 요리를 만들 수 있죠. 그렇다면 냉장고에는 어떤 기본 식재료를 갖춰두어야 하는지, 그리고 어떻게 효율적으로 보관하는지 공유해드릴게요.

	보관법
대파	뿌리, 줄기, 잎을 각각 나눈 다음 키친타월을 깐 밀폐 용기에 담아 냉장 보관합니다. 잎 부분은 줄기보다 더 쉽게 무르기 때문에 따로 보관하면 신선함을 오래 유지할 수 있어요. 뿌리는 깨끗이 씻은 후 냉동실에 넣어 국물용으로 활용하면 좋습니다.
당근	당근은 흙을 털어낸 뒤 키친타월로 감싸 밀폐 용기에 담아 냉장 보관합니다. 뿌리와 꼭지를 미리 잘라두면 싹이 트는 것을 방지할 수 있고, 세척 후 보관할 경우에는 물기를 완전히 닦아내거나 말린 다음 보관해야 합니다.
양파	양파는 물기가 닿지 않도록 껍질만 제거한 후 비닐 랩으로 감싸 밀폐 용기에 담은 다음 냉장 보관합니다. 껍질을 벗기지 않은 양파는 서늘하고 통풍이 잘되는 곳에 실온 보관하는 것이 좋습니다. ※ 비닐 랩은 양파가 습기나 물기를 흡수하는 것을 방지하는 역할을 해요.
청양고추	고추는 깨끗이 씻은 후 물기를 완전히 닦고, 꼭지를 제거해 키친타월과 함께 밀폐 용기에 담은 다음 냉장 보관합니다. 이때 고추를 세워서 보관하면 눌리거나 물러지는 것을 막아 신선함을 더 오래 유지할 수 있습니다.
마늘	마늘은 습기에 약해 상하기 쉬우므로, 씻지 않은 상태로 키친타월과 함께 밀폐 용기에 담아 냉장 보관합니다. 껍질을 벗기지 않은 통마늘은 통풍이 잘되는 서늘한 곳에 실온 보관하는 것이 좋습니다.
달걀	달걀은 숨구멍이 있는 둥근 부분을 위로, 뾰족한 부분을 아래로 향하게 해서 온도 변화가 적은 냉장고 안쪽에 보관합니다.
두부	남은 두부는 밀폐 용기에 담고, 두부가 잠길 만큼 소금물(물 1컵에 소금 1작은술)을 부어 냉장 보관합니다. ※ 소금물은 미생물 번식을 억제하는 데 도움을 주며, 하루에 한 번 갈아주는 것이 신선도 유지에 좋습니다.

양념은 요리의 맛과 향을 결정하는 핵심 요소입니다. 이번 챕터에서는 요리의 기초를 다지는 데 중요한 역할을 하는 '기본 양념'에 대해 소개해드릴게요. 처음으로 요리를 시작하려는 분들은 다양한 양념 종류로 선택에 혼란을 겪을 수 있습니다. 그러한 혼란을 해결하고, 비슷해 보이지만 서로 다른 양념의 특징을 이해한다면 요리 실력 향상에 큰 도움이 될 거예요.

고추장	된장	쌈장
고추장은 고춧가루, 찹쌀, 메줏가루, 엿기름, 소금 등을 섞어 발효시켜 만든 전통 장으로, 매콤하고 달콤한 맛이 어우러진 것이 특징입니다. 비빔밥, 떡볶이, 양념장 등 다양한 한식 요리에 활용하며, 음식에 깊은 감칠맛과 색감을 더해줍니다.	된장은 콩과 소금을 발효시켜 만든 전통 조미료로, 국이나 찌개 같은 한식 요리에 깊은 맛을 더해줍니다.	쌈장은 된장에 고추장, 마늘 등을 더해 만든 양념으로, 매콤하면서도 고소한 맛이 어우러져 고기나 채소를 쌈으로 즐길 때 풍미를 더해줍니다.

참기름	들기름	콩기름(식용유)
참깨를 볶아 기름으로 추출한 형태로 대체적으로 진한 갈색을 띠며 고소한 향과 맛이 특징입니다. 대부분의 한식 요리의 마지막 단계에서 풍미를 더하기 위해 사용하며, 170℃ 이상의 높은 온도에서 장시간 가열하면 빠르게 산화되면서 벤조피렌이라는 유해 물질이 생성될 수 있으므로 사용 시 주의가 필요합니다. 직사광선을 피하고 서늘한 곳에서 상온 보관하며, 개봉 후에는 3개월 이내에 섭취하는 것이 좋습니다.	들깨를 짜내 기름으로 추출한 형태로 특유의 진한 풍미와 고소함이 특징입니다. 참기름과 동일하게 200℃ 이상의 높은 온도에서 장시간 가열하면 벤조피렌이라는 유해 물질이 생성될 수 있으므로 사용 시 주의가 필요합니다. 개봉 후에는 반드시 냉장 보관하며, 1개월 이내에 섭취하는 것이 좋습니다.	콩에서 추출한 식물성 기름으로 흔히 마트에서 식용유로 불리며 판매됩니다. 가장 쉽게 구할 수 있으면서도 상대적으로 가격이 저렴해 일상적인 조리에 사용하며, 발연점이 높아 부침, 튀김, 볶음 등 다양한 요리에 씁니다.

짠맛(액체류)			
진간장	양조간장	국간장	맛간장
진간장은 색과 맛이 진한 간장으로, 주로 볶음, 찜, 조림 등 열을 가하는 요리에 많이 사용합니다. 잡채, 불고기, 갈비 등의 음식에 색과 풍미를 더해주며, 시판 제품 중에는 산분해 간장과 양조간장이 혼합된 경우가 많으므로 구매 시 혼합 비율을 확인하는 것이 좋습니다.	양조간장은 발효 방식으로 만든 간장으로, 진간장보다 짠맛이 덜하고 깔끔하면서도 풍부한 맛과 향이 특징입니다. 가열 시 일부 풍미가 줄어들 수 있어, 주로 양념장이나 드레싱 등 비가열 요리에 자주 활용합니다.	국간장은 짠맛이 강하고 색이 연한 간장으로, 국물 요리나 나물을 무칠때 음식 본연의 색을 해치지 않으면서 간을 맞추기 위해 사용합니다.	맛간장은 과일이나 채소, 다시마 등 감칠맛 재료를 함께 달여 만든 조미 간장입니다. 복잡한 재료 없이도 한 숟갈로 깊은 맛을 낼 수 있어, 요리에 익숙하지 않은 사람도 간을 맞추기 쉽다는 것이 장점이에요. 볶음, 조림, 구이 등 다양한 한식 요리에 간편하게 활용되며, 풍미를 더해 음식의 완성도를 높여줍니다.

단맛(가루류)			
백설탕	황설탕(갈색설탕)	흑설탕	스테비아
백설탕은 사탕수수나 사탕무에서 추출한 감미료로, 흰색에 가깝고 깔끔하고 순수한 단맛이 특징입니다. 풍미가 적어 음식의 맛을 해치지 않아, 요리나 베이킹 등에 널리 사용합니다.	황설탕은 백설탕보다 정제 과정이 적고, 당밀이 일부 남아 있어 특유의 풍미와 약간 누런색을 띱니다. 백설탕과 비슷한 단맛을 내지만, 음식에 은은한 감칠맛과 색을 더하고 싶을 때 사용합니다.	흑설탕은 당밀 함량이 높은 감미료로, 진한 갈색과 함께 독특한 향과 풍미가 특징입니다. 일반 설탕보다 깊고 진한 단맛을 내며, 약식, 수정과, 약과 등 전통 디저트나 갈색을 강조한 요리에 주로 사용합니다.	스테비아는 식물에서 추출한 천연 감미료로, 설탕보다 수십 배 강한 단맛을 냅니다. 혈당에 영향을 거의 주지 않아 설탕 대체재로 각광받고 있으며, 요리나 음료, 다이어트용 디저트 등에 다양하게 사용합니다. 단, 많이 넣으면 특유의 쓴맛이 날 수 있어 사용량을 조절해야 합니다.

단맛(액체류)			
물엿	올리고당	알룰로스	조청
물엿은 요리에 단맛과 윤기를 더해주는 감미료로, 조림, 볶음, 구이 등 열을 가하는 요리에 자주 사용합니다. 가열할수록 점성이 높아지고 윤기가 살아나, 마지막 단계에 완성도를 높여줍니다.	올리고당은 물엿과 비슷한 형태지만, 70℃ 이상의 고온에서 조리하면 단맛이 줄어드는 특징이 있습니다. 열을 가하지 않는 양념이나 드레싱, 또는 요리의 마지막 단계에 넣는 것이 좋습니다.	알룰로스는 설탕보다 칼로리가 훨씬 낮고, 체내에 거의 흡수되지 않는 저칼로리 감미료입니다. 단맛은 설탕의 70% 정도로 은은하며, 물엿이나 올리고당보다 끈적임이 적어 볶음이나 드레싱, 음료 등 다양한 요리에 사용합니다.	조청은 진한 갈색과 쫀득한 점성을 지닌 전통 감미료로, 물엿보다 깊은 풍미와 끈기가 특징입니다. 가열 요리에 잘 어울리며, 약식이나 조청강정처럼 풍미가 필요한 전통 요리에 자주 사용합니다. 다만 특유의 맛이 강해, 재료 본연의 맛을 살리고 싶을 때는 사용량을 조절하는 것이 좋습니다.

잡내·누린내·비린내 제거			
맛술(알코올 도수 1%)	미림(알코올 도수 14%)	미향(알코올 도수 1%)	청주(알코올 도수 13%)
맛술은 주정에 식초, 감미료, 소금 등을 섞어 만든 조미용 주류로, 산미와 함께 은은한 단맛이 특징입니다. 주로 고기나 생선의 잡내를 제거할 때 사용하며, 짧은 시간에 조리하는 볶음에도 잘 어울립니다. ※ 제조사에 따라 알코올 함량이나 단맛 강도에 차이가 있으므로 라벨을 확인해야 합니다.	미림은 롯데에서 출시한 조리용 주류 상표로, 주정에 쌀과 누룩, 감미료 등을 더해 만든 제품입니다. 단맛이 강하고 풍미가 깊어 찜이나 조림처럼 오랜 시간 끓이는 요리에 잘 어울리며, 잡내 제거에 효과적입니다. 알코올 함량이 높아 조리 시간이 짧을 경우 일부 잔류할 수 있어, 임신부나 아이가 먹는 음식에는 주의가 필요합니다.	미향은 오뚜기에서 제조한 조리용 주류 상표로, 맛술과 성분과 용도가 유사합니다. 식초가 함유되어 있어 산미와 은은한 단맛을 내며, 육류나 생선 요리의 풍미를 더하고 재료의 잡내를 줄이는 데 효과적입니다.	청주는 쌀을 발효시켜 만든 주류로, 단맛이 거의 없고 향이 깔끔한 것이 특징입니다. 고기나 생선의 잡내를 잡고 음식의 풍미를 해치지 않아 조리용으로 자주 사용하며, 불필요한 단맛 없이 재료 본연의 맛을 살리고 싶을 때 잘 어울립니다. ※ 브랜드에 따라 은은한 단맛이 느껴지는 제품도 있으니 요리 목적에 따라 선택하면 좋습니다.

짠맛(가루류)		
천일염(=굵은소금)	꽃소금	맛소금
천일염은 바닷물을 증발시켜 얻은 자연 소금으로, 특별한 정제 과정을 거치지 않아 마그네슘, 칼슘 등 미네랄이 풍부합니다. 수분과 간수 함량이 높아 짠맛 외에 떫거나 쌉싸름한 맛이 느껴질 수 있으며, 주로 장을 담그거나 절임, 발효 등 오랜 숙성이 필요한 요리에 사용합니다. 상황에 따라 과일이나 채소 세척에도 활용합니다.	꽃소금은 천일염의 불순물을 제거하고 건조시킨 정제염으로, 입자가 작고 수분이 적어 짠맛이 빠르게 퍼지는 것이 특징입니다. 국, 찌개, 탕 등의 간을 맞출 때 주로 사용하며, 조리 중간이나 마무리 단계에 소량씩 첨가하는 것이 좋습니다.	맛소금은 정제염에 MSG 등을 소량 첨가해 감칠맛을 더한 가공 소금으로, 입자가 매우 작고 고운 것이 특징입니다. 다양한 요리에 풍미를 더하고 싶을 때 사용하며, 조리의 마무리 단계에 소량 첨가하면 감칠맛을 살릴 수 있습니다.

양조식초	사과식초	2배 식초
양조식초는 주정을 발효해 만든 식초로, 향이 강하지 않고 깔끔한 신맛이 특징입니다. 생채나 무침처럼 신맛이 필요한 요리에 쓰며, 열을 가하면 산미가 날아갈 수 있어 조리의 마지막 단계에 넣는 것이 좋습니다. 식재료 세척이나 살균용으로도 활용할 수 있어 활용도가 높습니다.	사과식초는 제품에 따라 양조식초에 사과 농축액이나 향을 더한 경우와 사과즙을 자연 발효시킨 천연 발효식초로 나뉩니다. 은은한 신맛과 상큼한 향이 특징이며, 드레싱이나 무침 요리에 주로 사용합니다. 제품마다 제조 방식이 다르므로, 제품 선택 시 뒷면 원료명을 참고하세요.	2배 식초는 일반 식초보다 산도가 2배 높아 신맛이 진하고, 적은 양으로도 충분한 맛을 낼 수 있습니다. 양념이 묽어지지 않아 오이무침이나 오이김치처럼 수분을 줄이고 싶을 때 유용하며, 사용할 때는 양을 조절하는 것이 좋습니다.

멸치액젓	참치액
멸치와 소금을 오랜 시간 발효시켜 만든 멸치액젓은 짠맛과 함께 특유의 깊고 구수한 감칠맛이 나는 것이 특징입니다. 주로 김치 양념에 사용하며, 찌개나 국에 소량 넣으면 요리의 풍미를 한층 살려줍니다. 간장 대신 감칠맛을 보완하고 싶을 때 활용하기도 합니다.	참치액은 가쓰오부시를 기본으로 멸치, 다시마, 간장 등을 함께 우려낸 액상 조미료로, 훈제향과 감칠맛이 조화를 이루는 것이 특징입니다. 멸치액젓보다 비린 맛이 적고 약간의 단맛이 있어, 무침이나 국, 찌개, 볶음 요리에 다양하게 활용합니다. 참치액 특유의 깊은 향은 요리의 풍미를 한층 끌어올려줍니다.

깔끔한 냉장고를 위한 정리 노하우 네 가지

냉장고는 잠시라도 소홀히 하면 금세 티가 납니다. 개인적으로는 현관 다음으로 가장 신경 쓰는 부분이기도 해요. 냉장고를 단순히 음식물을 보관하고 관리하는 가전제품으로만 생각할 수 있지만, 실제로는 그 이상의 의미를 지니고 있습니다. 잘 정돈한 냉장고는 필요한 재료를 쉽게 찾아 적절히 사용할 수 있도록 도와주는 밑거름이 될 수 있으니 식비를 절약하고자 마음먹었다면 우리 집 냉장고에 들어 있는 식재료를 정확히 파악하는 것이 필요합니다. 다음 글을 참고해 자신만의 원칙을 세워 냉장고를 정리해보세요. 깔끔하고 정리된 냉장고는 주방 환경을 개선해 자연스럽게 요리에 대한 열정을 불러일으키며, 식비를 절약하는 데도 도움이 됩니다.

1. 효율적으로 냉장고 내부 정리하기

냉장고는 주방에 꼭 필요한 가전제품 중 하나로, 일상적으로 사용하는 다양한 식재료가 자리하고 있습니다. 냉장고 내부를 좀 더 효율적으로 정리하고 싶다면 먼저 비슷한 종류의 식재료를 함께 묶어 그룹을 만들어보세요. 예를 들어 서랍에는 채소와 과일을 보관하고 손이 자주 닿는 선반에는 밀폐 용기나 반찬, 문을 자주 여닫는 공간에는 요리할 때 자주 사용하는 소스나 액체류를 보관하는 등 공간으로 구역을 나누는 것입니다. 이렇게 하면 각각의 식재료를 찾기가 훨씬 수월하고 필요한 재료를 더 빠르게 찾을 수 있습니다. 그리고 여기서 가장 중요한 포인트는 평소에 한 구역은 꼭 빈 공간을 유지하는 것이에요. 저는 이 공간을 '여분 공간'이라고 부르는데, 새로운 식재료를 보관하거나 갑작스럽게 냉장고에 보관해야 하는 식재료가 생겼을 때 유용하게 활용됩니다.

2. 낭비 없는 냉장고 관리의 비밀

냉장고를 깔끔하게 정돈하고 유지하기 위해서는 냉장고 내용물을 정기적으로 점검해야 합니다. 분기별로 시간을 내 내용물을 확인하고, 유통기한이 지난 상품이나 상태가 좋지 않은 식품은 단호하게 버리는 것이 중요합니다. 또 자투리 채소나 식재료가 있다면 우선순위로 빠르게 소진하세요. 저는 주말마다 이러한 시간을 통해 비우고 채우기를 반복하고 있어요. 이 과정에서 자투리 재료가 있다면 일명 '냉장고 파먹기' 메뉴를 정하고 다양하게 요리해 먹으면서 최대한 음식 낭비를 줄이고 있습니다. 이렇듯 그동안 냉장고를 계속 채우기만 하고 비우는 시간을 갖지 않았다면 정기적으로 점검해 관리하는 습관을 길러보세요.

3. 트레이로 더 효율적으로! 나만의 정리 규칙

혹시 큰마음 먹고 냉장고를 정리했지만 일주일 만에 다시 뒤죽박죽이 되는 것을 경험해보신 적이 있나요? 이럴 때는 트레이를 활용해 자신만의 정리 규칙을 만들어보세요. 이 방법은 냉장고 내부를 보다 체계적으로 정리할 수 있도록 구역별로 트레이를 배치해 식품마다 자리를 정해주는 것이에요. 이렇게 하면 사용한 후 제자리에 놓기만 해도 자연스럽게 정돈된 상태를 유지할 수 있습니다. 예를 들어 고추장, 된장 등 장 종류는 하나의 트레이에 모아두고 요리에 자주 사용하는 기본 식재료는 다른 트레이에 자리를 정해주는 것입니다. 이런 방식으로 자신만의 정리 규칙을 정해두면 매번 별도의 시간을 할애하지 않아도 자연스럽게 깨끗하게 정돈된 상태를 유지할 수 있을 것입니다.

4. 밀폐 용기로 시각적인 효과 더하기

밀폐 용기는 식재료를 신선하게 보관하는 데 꼭 필요한 주방용품 중 하나입니다. 냉장고를 깔끔하게 유지하고 싶다면 밀폐 용기를 통일해 사용해보세요. 크기와 디자인이 비슷한 용기를 선택하는 것만으로도 냉장고 내부가 정돈되어 보이고 시각적으로 깔끔한 느낌을 줄 수 있습니다. 이때 밀폐 용기를 선택할 때는 각 소재의 장단점을 고려해야 합니다. 다음 글을 참고해 개인적인 선호도나 생활 방식에 따라 선택해보세요.

(1) 플라스틱 용기

비교적 저렴한 가격대에 구입할 수 있고 가볍다는 장점이 있습니다. 그러나 일부 플라스틱 용기는 열에 약할 수 있으며 오랜 시간 사용하다 보면 변색 혹은 변형될 수 있습니다. 특히 BPA(Bisphenol A) 같은 화학물질이 함유되어 있을 수 있으므로, BPA 프리 또는 식품 등급의 플라스틱 용기를 선택하는 것이 중요합니다.

(2) 유리 용기

내열성이 뛰어나 변형되지 않으며 장기간 사용할 수 있습니다. 또 투명한 유리 재질 특성상 내부 식재료를 쉽게 확인할 수 있어 편리하지만, 무게감이 있고 깨질 위험이 있으므로 주의가 필요합니다. 유리 용기를 선택한다면 일반 유리, 강화유리, 내열유리 중 어떤 소재로 만든 것인지 따져보는 것도 중요합니다.

(3) 스테인리스 스틸 용기

식재료의 신선도를 효과적으로 유지할 수 있고 내열성 및 내구성이 뛰어나 오래 사용할 수 있습니다. 그러나 품질에 따라 녹이 스는 경우가 있으므로 식품 등급의 스테인리스 스틸로 제작한 제품을 선택하는 것이 중요합니다. 또 용기를 처음 사용할 때는 연마제를 제거해야 한다는 점도 고려해야 합니다.

1월 집밥

2만 원으로 알뜰한 새해 맞이하기

1월은 새해를 시작하는 설렘과 함께, 어떻게 하면 생활비를 효율적으로 쓸 수 있을지 고민하게 되는 달이에요. 그런데 명절 연휴를 보내다 보면 생각보다 예산이 금방 빠듯해지곤 하죠. 그래서 이번 달은 '장보기는 최소화하고, 버리는 재료 없이 다 써보자'라는 마음으로 식단을 구성했어요. 제철 홍합은 탕으로 한 번, 솥밥으로 또 한 번 푸짐하게 즐기고, 설 전후에는 따끈한 소고기떡국으로 속을 든든히 채워주세요. 기름진 명절 음식에 지쳤을 땐 새콤달콤한 나폴리탄파스타로 기분을 전환해도 좋겠죠?

이번 달 장보기 전략

주재료	부재료
☑ 소고기	☐ 시판 사골 육수
☐ 떡국 떡	☐ 달걀
☐ 홍합	☐ 대파
☐ 파스타 면	☐ 청양고추
☐ 소시지	☐ 홍고추
☐ 느타리버섯	☐ 마늘
	☐ 당근
	☐ 쪽파
	☐ 양파

홍합은 겨울철 특가 품목! 가격도 착하고 양도 넉넉해요.

떡국용 소고기는 양지나 사태가 대표적이지만, 국거리용 고기나 다짐육도 충분히 활용 가능해요. 예산에 따라 유연하게 선택하세요.

떡국 육수는 시판 사골 육수를 써도 좋지만, 멸치 국물, 코인/분말 육수로 대체해도 맛있게 완성돼요.

알찬 집밥 포인트

1 **홍합탕은 솥밥으로도 한 번 더**
홍합 알맹이와 국물은 따로 덜어두면, 다음 날 솥밥으로 활용할 수 있어요.

2 **남은 떡국 떡, 간식으로 재탄생**
냉동 보관만 하지 말고 소떡소떡이나 떡볶이로 바로 활용해보세요.

3 **느타리버섯은 1년 내내 든든한 식비 방어템**
가격도 안정적이고 볶음, 국, 덮밥까지 어디든 활용도 만점이에요.

남은 떡국 떡과 소시지는 '소떡소떡'으로 활용하면 냉장고까지 깔끔해진답니다. 물가 변동이 있긴 하지만, 이 구성은 2만 원 안팎의 예산으로도 충분히 가능했어요. 이번 달에는 '있는 걸 다 써본다'는 마음으로 부담 없이 한 끼씩 실천해보세요.

느타리버섯덮밥

시장에서 저렴하고 흔하게 구할 수 있는 느타리버섯.

식감이 쫄깃한 느타리버섯에 간장 베이스 양념을 더해 맛있는 덮밥을 만들어보세요.

소요 시간	15min	난이도	상	중	하
필수 재료	느타리버섯 200g, 양파 ⅓개, 당근 ⅕개, 대파 ¼대, 식용유 1큰술, 참기름 약간, 통깨 약간				
양념	간장 2큰술, 굴소스 ½큰술, 다진 마늘 ½큰술, 맛술 1큰술, 후춧가루 약간				
조리 과정	⑴ 버섯은 밑동을 자른 뒤 먹기 좋게 가닥가닥 찢어주세요.				
	⑵ 양파와 당근은 채 썰고 대파는 반으로 가른 뒤 4cm 간격으로 썰어주세요.				
	⑶ 분량의 재료를 섞어 양념을 만들어주세요.				
	⑷ 전분과 물을 1:1 비율(전분 1큰술+물 1큰술)로 섞어 전분물을 만들어주세요.				
	⑸ 팬에 식용유 1큰술을 두르고 버섯, 양파, 당근, 대파를 모두 넣고 볶아주세요.				
	⑹ 버섯의 숨이 죽으면 만들어둔 양념과 물 100ml를 넣고 한소끔 끓여주세요.				
	⑺ 마지막에 전분물로 농도를 맞추고 참기름과 통깨를 뿌려 마무리합니다.				
🧤 알찬 팁	· 전분물은 시간이 지나면 바닥에 전분이 가라앉으니 조리하기 전에 가볍게 섞어 사용하세요.				

홍합솥밥 ^(1. 5~2인분)

오늘 저녁 메뉴로 바다의 풍미를 가득 담은 홍합솥밥, 어떤가요?
집에서 쉽게 따라 할 수 있는 레시피로 식탁을 더욱 풍성하게 만들어보세요.

소요 시간	20min	난이도	상	중	하
필수 재료	홍합 살 200g, 쌀 200ml, 당근 ⅛개, 쪽파 3줄기, 쓰유 1큰술				
양념장	간장 3큰술, 매실청 1큰술, 고춧가루 ½큰술, 다진 마늘 ½큰술, 참기름 1큰술, 다진 대파 1큰술, 통깨 1큰술				
조리 과정	⑴ 해동한 냉동 자숙 홍합 살은 흐르는 물에 씻어 물기를 빼주세요. ⑵ 쌀은 깨끗이 씻은 뒤 30분 이상 충분히 불려주세요. ⑶ 당근은 잘게 다지고 쪽파는 송송 썰어주세요. ⑷ 냄비에 불린 쌀과 물을 1:1 비율(쌀 200ml+물 200ml)로 넣고 쓰유 1큰술과 함께 중강불에서 끓여주세요. ⑸ 끓기 시작하고 물이 줄어들면 당근과 홍합 살을 넣고 중약불에서 뚜껑을 덮고 13분간 끓여주세요. ⑹ 13분 뒤 썰어둔 쪽파를 넣고 약한 불에서 5분간 끓인 다음 불을 끄고 5분간 뜸 들이세요. ⑺ 솥밥이 완성되면 분량의 재료를 섞어 만든 양념장과 함께 곁들여 냅니다.				
🧂 알찬 팁	· 홍합탕을 끓인 후 남은 홍합과 국물이 있다면 솥밥 재료로 활용해보세요. 더욱 감칠맛 나고 맛있습니다. · 쓰유가 없다면 맛간장이나 참치액을 활용해도 좋습니다.				

홍합탕

착한 가격에 푸짐한 양을 자랑하는 홍합.

겨울철 최고의 가성비 식재료로 시원하면서도 칼칼한 홍합탕을 만들어보세요.

소요 시간	20min	난이도	상	중	하

필수 재료	홍합 500g, 대파 ½대, 청양고추 1개, 홍고추 ½개, 마늘 5톨
양념	소금 적당량

조리 과정	⑴ 홍합에 붙어 있는 족사는 손으로 당겨 제거하고 깨끗이 씻어주세요.
	tip ① 중간에 깨지거나 상태가 좋지 않은 홍합은 상했을 수 있으니 버려주세요.
	tip ② 홍합을 씻을 때 깨진 껍데기나 날카로운 부분에 상처를 입을 수 있으므로 고무장갑을 착용하는 것을 추천합니다.
	⑵ 마늘은 편 썰고, 고추와 대파는 어슷하게 썰어주세요.
	⑶ 냄비에 홍합이 잠길 정도로 물(700ml)을 붓고 뚜껑을 덮은 뒤 강한 불에서 끓여주세요.
	⑷ 끓기 시작하면 마늘, 고추, 대파를 넣고 뚜껑을 덮고 불을 끈 채 10분 정도 뜸 들여주세요.
	⑸ 입맛에 맞게 소금을 넣어 간을 맞춰 마무리합니다.

알찬 팁	· 홍합은 갯벌에서 자라는 어패류가 아니기 때문에 해감이 필요 없어요. 깨끗이 손질하고 세척하는 것만으로도 충분합니다. 혹시 찝찝하다면 세척 단계에서 굵은소금을 약간 넣어주세요.
	· 홍합은 오래 끓일수록 식감이 질겨질 수 있으니 주의하세요.

소고기달걀떡국

별다른 반찬 없이도 한 끼를 든든하게 챙길 수 있는 소고기 떡국 레시피를 소개해드릴게요.
이 메뉴는 설날을 비롯한 특별한 날뿐 아니라, 추운 겨울 따뜻하게 속을 달래줍니다.

소요 시간	20min	난이도	상	중	하

필수 재료	사골 육수 1팩(500g), 소고기 150g, 떡국 떡 300g, 달걀 2개, 대파 ½대, 식용유 약간
양념	간장 2큰술, 맛술 1큰술, 다진 마늘 ½큰술, 참치액 1큰술, 소금 약간, 후춧가루 약간
조리 과정	(1) 떡국 떡은 흐르는 물에 가볍게 헹군 뒤 10분 정도 물에 담가 불린 다음 체에 밭쳐 물기를 빼주세요. (2) 소고기는 키친타월로 핏물을 제거한 뒤 간장 2큰술, 다진 마늘 ½큰술, 맛술 1큰술을 넣고 10분 정도 밑간을 해주세요. (3) 달걀은 소금 약간을 넣어 풀어준 뒤 식용유를 살짝 두른 팬에 얇게 부친 다음 한 김 식혀 채 썰어주세요. (4) 양념한 소고기는 팬에 볶아 바싹 익혀 한 김 식혀주세요. (5) 냄비에 사골 육수를 넣고 끓기 시작하면 준비한 떡과 함께 참치액 1큰술을 넣고 바닥에 눌어붙지 않도록 저어주세요. (6) 떡이 떠오르기 시작하면 불을 줄이고 대파를 넣은 뒤 한소끔 끓여주세요. 이때 기호에 맞게 소금과 후춧가루를 추가합니다. (7) 만들어둔 달걀지단과 소고기를 고명으로 얹어 마무리합니다.
알찬 팁	· 떡을 물에 불리면 식감도 부드럽고 전분기도 제거되어 국물 맛이 깔끔해집니다. 냉동 떡을 사용 한다면 10분 정도 더 불려주세요.

원팬나폴리탄파스타^(1~1.5인분)

팬 하나로 간편하게 만들 수 있는 원 팬 파스타. 케첩을 활용해 라면처럼 쉽고 빠르게 만들어보세요.
새콤달콤한 맛이 중독성 있는 파스타가 금세 완성됩니다.

소요 시간	15min	난이도	상	중	하

필수 재료	파스타 면 150g, 마늘 10톨, 양파 ½개, 소시지 100g, 올리브 오일 2큰술
양념	케첩 5큰술, 굴소스 1큰술, 버터 10g
조리 과정	(1) 양파는 채 썰고 마늘은 슬라이스한 뒤 소시지는 먹기 좋은 크기로 썰어주세요.
	(2) 소시지에 파스타 면을 3~4가닥씩 꽂아 준비합니다.
	(3) 팬에 올리브 오일 2큰술을 넣고 마늘과 양파를 볶아주세요.
	(4) 마늘이 투명해지면 물 500ml와 파스타 면을 꽂은 소시지를 넣고 끓여주세요.
	(5) 물이 반으로 줄어들면 케첩 5큰술, 굴소스 1큰술, 버터 10g을 넣고 끓여주세요.
	(6) 파스타 면이 익으면 불을 끄고 마무리합니다.
알찬 팁	· 소시지를 끓는 물에 1분 정도 데친 후 사용하면 불순물도 제거되고 깔끔하게 먹을 수 있어요.
	· 기호에 따라 파르메산 치즈가루 또는 그라나 파다노 치즈를 얹어 먹으면 풍미가 더욱 살아나요.

소떡소떡

어릴 적 추억의 간식, 떡꼬치.

냉장고 안에 떡국 떡이 남아 있다면, 새콤달콤한 소스와 쫄깃한 떡의 식감을 즐겨보세요.

소요 시간	10min	난이도	상	중	하

필수 재료	떡국 떡 200g, 소시지 200g, 통깨 약간, 식용유 약간

소스	고추장 1큰술, 케첩 3큰술, 간장 ½큰술, 설탕 1큰술, 올리고당 2큰술

조리 과정	⑴ 소시지를 떡국 떡 모양과 비슷하게 어슷 썰어 준비해주세요.
	⑵ 떡은 끓는 물에 1분 정도 데쳐서 말랑말랑한 상태로 만들어주세요.
	tip. 떡이 말랑말하다면 이 과정은 생략하세요.
	⑶ 꼬치에 떡과 소시지를 번갈아가며 꽂아주세요.
	⑷ 분량의 재료를 섞어 소스를 만들어주세요.
	⑸ 꼬치에 식용유를 고루 바르고 180℃로 예열한 에어프라이어에 넣고 5분간 조리 후 만들어둔 소스를 바르고 다시 5분 더 조리해주세요.
	⑹ 기호에 따라 먹기 직전에 한번 더 소스를 덧바르고 마지막에 통깨를 골고루 뿌려 완성합니다.

알찬 팁	· 양념은 한 번만 바르는 것보다 중간에 한번 더 덧바르면 훨씬 더 맛있게 완성돼요.
	· 떡이 단단한 상태로 꼬치에 꽂으면 찢어질 수 있으니, 데쳐서 말랑하게 만든 뒤 사용하세요.

2월 집밥

영양까지 챙긴, 우리 가족 건강 밥상

겨울의 끝자락, 2월. 한겨울 추위는 조금씩 누그러지지만, 일교차가 커지면서 가족 건강 챙기기가 중요한 때예요. 명절 음식으로 무겁고 기름진 음식을 자주 접했다면 2월엔 속이 편안하고 부담 없는 메뉴로 균형을 잡아보세요. 이번 달엔 시금치, 청국장, 우엉처럼 영양 많고 부담 없는 재료를 선택했어요. 특히 두부는 저렴하면서도 단백질을 든든하게 채워주는 효자 식재료죠. 마파두부덮밥으로 간단하게 한 끼를 해결하고, 남은 두부는 청국장에 넣어 담백하게 즐겨보세요.

 이번 달 장보기 전략

주재료	부재료
☑ 다진 소고기	☐ 표고버섯
☐ 다진 돼지고기	☐ 양파
☐ 청국장	☐ 대파
☐ 김치	☐ 당근
☐ 두부	☐ 청양고추
☐ 시금치	☐ 마늘
☐ 우엉	☐ 전분
☐ 애호박	

 소고기는 불고기용으로 넉넉히 구매한 뒤, 일부는 전동 다지기로 잘게 다져 솥밥이나 주먹밥 재료로 활용해도 좋아요.

 시금치는 잎이 짙은 녹색이고 뿌리가 선홍빛을 띠는 것이 신선해요.

 우엉 손질이 번거로울 땐 채 썰어 판매하는 제품을 활용하면 간편해요.

 두부는 연두부보다 부침용/찌개용이 여러 요리에 활용하기 좋아요.

 알찬 집밥 포인트

1 **시금치는 2월 제철 식재료**
양이 많을 땐 살짝 데친 뒤 소량의 물과 함께 소분해 냉동해두면 좋아요.

2 **청국장은 찌개뿐 아니라 볶음밥으로도 OK**
자투리 채소와 함께 볶으면 구수한 영양 만점한 끼가 돼요.

3 **우엉은 소불고기 양념과 찰떡궁합**
고기와 함께 볶아 덮밥으로 만들면 아삭한 식감까지 더해져 아이들도 잘 먹어요.

제대로 차리고 싶은 날엔 시금치버섯 솥밥, 우엉을 곁들인 소불고기도 메인 요리로 손색없어요. 냉장고에 남은 청국장은 볶음밥으로 한 번 더! 영양은 든든하게, 구성은 알차게! 2월 한 달도 가볍게 시작해보세요.

마파두부덮밥

2月
영양 만점

두부 하나로 간편하게 만드는 마파두부덮밥.
고추장과 된장으로 익숙한 맛을 더해 온 가족이 함께 즐길 수 있는 한 그릇 요리입니다.

소요 시간	15min	난이도	상	중	하

필수 재료	두부 300g, 다진 돼지고기 150g, 대파 ½대, 전분 1큰술, 맛술 2큰술, 참기름 1큰술, 식용유 2큰술
양념	고추장 2큰술, 된장 1큰술, 굴소스 1큰술, 설탕 1큰술, 고춧가루 1큰술, 간장 2큰술, 다진 마늘 1큰술
조리 과정	(1) 두부는 1.5cm 크기로 깍둑 썰고, 대파는 잘게 다져서 준비합니다. (2) 전분과 물을 1:1 비율(전분 1큰술+물 1큰술)로 섞어 전분물을 만들어주세요. (3) 분량의 재료를 섞어 양념을 만듭니다. (4) 팬에 식용유 2큰술을 두르고 대파를 볶다가 고기와 맛술 2큰술을 넣고 볶습니다. (5) 고기가 익으면 양념을 넣고 잘 섞다가 물 150ml를 추가해 끓입니다. (6) 끓기 시작하면 두부를 넣고 중간 불에서 5분간 끓입니다. (7) 두부에 양념이 잘 스며들면 전분물로 농도를 맞춥니다. (8) 소스가 걸쭉해지면 불을 끄고 참기름을 넣어 마무리합니다.

🔒 **알찬 팁**
· 두반장이 있다면 고추장과 된장 대신 사용해도 좋습니다.
· 전분물은 시간이 지나면 바닥에 전분이 가라앉으니 조리하기 전에 가볍게 섞어 사용하세요.

버섯시금치솥밥

고소한 버섯과 향긋한 시금치가 어우러진 버섯시금치솥밥. 재료 본연의 맛을 살린 은은한 감칠맛이 포인트예요. 밥과 반찬을 따로 준비하지 않아도 든든한 한 끼가 되어주죠.

소요 시간	20min	난이도	상	중	하

필수 재료	다진 소고기 100g, 시금치 1줌(50g), 당근 ⅕개, 표고버섯 1~2개, 쌀 200ml, 간장 1큰술, 맛술 1큰술, 다진 마늘 ½큰술
양념장	간장 3큰술, 매실청 1큰술, 고춧가루 ½큰술, 다진 마늘 ½큰술, 참기름 1큰술, 다진 대파 1큰술, 통깨 1큰술
조리 과정	(1) 쌀은 깨끗이 씻어 30분 이상 불려둡니다. (2) 소고기는 간장 1큰술, 맛술 1큰술, 다진 마늘 ½큰술을 넣어 조물조물 무쳐둡니다. (3) 당근과 표고버섯은 가늘게 채 썰고, 시금치는 4~5cm 길이로 잘라 준비합니다. (4) 냄비에 기름을 두르지 않고 다진 소고기를 물기 없이 바싹 볶아 따로 덜어냅니다. (5) 냄비에 불린 쌀과 물을 1:1비율(쌀 200ml+물 200ml)로 넣고 중강불에서 끓여주세요. (6) 전체적으로 끓기 시작하면 볶은 소고기, 당근, 표고버섯, 시금치를 넣고 중약불에서 13분간 뚜껑을 덮고 더 끓여주세요. (7) 13분 뒤 약한 불에서 5분, 불을 끈 후 5분간 뜸 들여주세요. (8) 솥밥이 완성되면 양념장과 함께 곁들여 내세요.
알찬 팁	· 소고기는 물기가 완전히 날 때까지 바싹 볶아야 감칠맛이 제대로 살아나요. · 데쳐둔 시금치를 활용한다면 마지막 뜸 들일 때 넣어야 식감과 색감이 잘 유지돼요.

소고기채소주먹밥

입안에서 톡톡 씹히는 소고기와 여러 채소가 어우러진 영양 만점 주먹밥이에요.
작게 쥐어 도시락이나 간식으로 내기 좋고, 아이들 한 끼 메뉴로도 손색없어요.

소요 시간	20min	난이도	상	중	하

필수 재료	밥 400g, 다진 소고기 100g, 시금치 1줌, 당근 ⅙ 개, 표고버섯 1~2개, 간장 1큰술, 맛술 1큰술, 다진 마늘 ½큰술, 식용유 약간
양념	소금 약간, 참기름 약간, 통깨 약간

조리 과정

⑴ 다진 소고기는 간장 1큰술, 맛술 1큰술, 다진 마늘 ½큰술을 넣고 밑간해주세요.

⑵ 시금치는 끓는 물에 데친 뒤 물기를 꼭 짜고 당근, 표고버섯과 함께 잘게 다져주세요.

⑶ 달군 팬에 기름을 두르고 밑간한 소고기부터 볶아주세요.

⑷ 고기가 익으면 당근, 표고버섯을 순서대로 넣고 볶아줍니다.

⑸ 큰 볼에 따뜻한 밥을 담고 볶은 재료와 시금치를 넣은 뒤 소금으로 간을 맞춰주세요.

⑹ 마지막에 참기름과 통깨를 약간 넣어 섞은 뒤 동그랗게 주먹밥을 만들어주세요.

알찬 팁

· 시금치는 물기를 최대한 꼭 짜야 주먹밥이 질척이지 않아요.

· 주먹밥은 작게 만들수록 먹기 좋고, 도시락이나 간식으로 활용하기에도 편합니다.

김치청국장찌개

구수한 맛이 일품인 청국장찌개! 건강한 발효식품이지만, 특유의 냄새 때문에 피하는 분들이 많죠.
다행히 요즘엔 냄새를 줄인 제품도 있으니, 부담 없이 즐겨보세요.

소요 시간	25min	난이도	상	중	하

필수 재료	청국장 1팩(180g), 김치 100g, 두부 ½모, 표고버섯 2개, 애호박 ⅓개, 양파 ½개, 청양고추 1개, 홍고추 1개(선택), 대파 ½대
양념	고춧가루 ½큰술, 설탕 ½큰술, 된장 1큰술, 다진 마늘 1큰술, 참기름 ½큰술, 식용유 1큰술
조리 과정	⑴ 김치는 양념을 털어내고 먹기 좋은 크기로 썰어주세요. ⑵ 표고버섯과 양파는 먹기 좋은 크기로 썰고, 대파와 청양고추, 홍고추는 어슷썰기 하고, 두부는 깍둑 썰어 준비합니다. ⑶ 냄비에 참기름 ½큰술과 식용유 1큰술을 넣고, 김치와 설탕 ½큰술, 다진 마늘 1큰술, 고춧가루 ½큰술을 함께 중간 불에서 볶아주세요. ⑷ 김치가 어느 정도 익었다면 준비한 물 450ml와 된장 1큰술을 넣고 끓여주세요. ⑸ 끓기 시작하면 양파, 표고버섯, 애호박을 넣고 중간 불에서 5분간 끓여주세요. ⑹ 채소가 모두 익으면 청국장, 두부, 대파, 청양고추, 홍고추(선택)를 넣고 한소끔 끓여 마무리합니다. tip. 마지막 단계에서 싱겁게 느껴지면 참치액으로 간을 맞춰보세요.

알찬 팁

· 청국장찌개의 포인트는 된장을 섞어 깊고 진한 맛을 내는 거예요. 쌀뜨물이나 멸치 국물을 활용하면 구수함을 더할 수 있어요.
· 청국장은 물에 잘 섞이도록 숟가락으로 미리 풀어주면 좋아요.

우엉소불고기

부드러운 소고기에 아삭한 우엉을 더한 우엉소불고기.

우엉의 은은한 단맛과 감칠맛 나는 양념이 어우러져 깊은 맛을 느낄 수 있어요.

평소 먹던 불고기를 색다르게 즐기고 싶다면 한번 만들어보세요.

소요 시간	30min	난이도	상	중	하

필수 재료	소고기(불고기용) 300g, 우엉 1대(약 100g), 양파 ½개, 대파 ½대, 당근 ⅓개, 통깨 약간, 식용유 1큰술
양념	간장 3큰술, 설탕 1큰술, 다진 마늘 1큰술, 맛술 2큰술, 참기름 1큰술, 후춧가루 약간
조리 과정	(1) 우엉은 필러로 껍질을 벗긴 뒤 채 썰어 물에 담가둡니다. (2) 양파, 대파, 당근은 채 썰어 준비합니다. (3) 소고기에 분량의 양념 재료를 넣고 조물조물 버무린 뒤 10~15분간 재워둡니다. (4) 달군 팬에 식용유 1큰술을 두르고 물기를 뺀 우엉을 중간 불에서 2~3분간 볶아 향을 살립니다. (5) 우엉을 팬 한쪽으로 밀고, 양념한 소고기를 넣어 강한 불에서 볶습니다. (6) 소고기가 반쯤 익으면 양파, 당근, 대파를 넣고 전체적으로 고루 볶아줍니다. (7) 모든 재료가 익으면 불을 끄고 통깨 약간을 뿌려 완성합니다.
🧑‍🍳 알찬 팁	·손질한 우엉을 물에 10분 정도 담가두면 갈변도 막아주고 아린 맛을 줄일 수 있어요.

청국장돼지고기볶음밥

냉장고 파먹기 메뉴로 추천하는 볶음밥 레시피입니다.
흔히 먹는 볶음밥에 청국장을 더해 색다른 맛으로 즐겨보세요.

소요 시간	15min	난이도	상	중	하

필수 재료	밥 200g, 청국장 ⅓개(40g), 다진 돼지고기 150g, 마늘 7톨, 양파 ⅓개, 당근 ⅕개, 애호박 ⅕개, 참기름 1큰술, 통깨 ½큰술, 식용유 약간, 소금 약간(선택)
양념	간장 2큰술, 설탕 1큰술, 맛술 1큰술, 다진 마늘 1큰술, 후춧가루 약간
조리 과정	(1) 마늘은 편 썰고, 당근, 양파, 애호박은 다져주세요.

(2) 청국장은 숟가락으로 미리 풀어주세요.

(3) 다진 돼지고기는 키친타월로 핏물을 제거한 뒤 분량의 양념 재료로 밑간해주세요.

(4) 팬에 기름을 두르고 편 썰어둔 마늘을 먼저 볶다가 돼지고기를 넣고 함께 볶아주세요.

(5) 돼지고기가 익으면 단단한 순서대로 당근, 애호박, 양파를 넣고 볶아주세요.

(6) 채소가 익으면 밥과 청국장을 넣고 골고루 볶아주세요.

(7) 청국장 염도에 따라 소금으로 간을 맞추고, 통깨 ½큰술, 참기름 1큰술을 넣어 마무리합니다.

알찬 팁

·찬밥으로 볶음밥을 만들면 더 고슬고슬한 식감으로 즐길 수 있습니다. 갓 지은 밥이 있다면, 그릇에 담아 식힌 뒤 사용하는 것을 추천해요.

3월 집밥

봄날, 입맛 살리는 산뜻한 집밥

긴 겨울을 지나 따뜻한 기운이 감도는 3월, 장바구니에서도 계절의 변화가 느껴지기 시작해요. 마트에 냉이, 돌나물, 부추 같은 봄나물이 보이면 반가운 마음에 손이 절로 가죠. 이번 달엔 향긋한 봄나물과 해산물을 조합해 감칠맛 나면서도 산뜻한 한 끼를 준비했어요. 입맛이 떨어질 땐 냉이와 바지락 솥밥. 바지락은 돌나물과 비벼 비빔밥으로 한 번 더! 특히 돌나물은 한 팩만 사도 양이 넉넉하니 골뱅이와 무쳐 새콤하게, 입맛 돋우는 반찬으로 챙겨 드세요.

이번 달 장보기 전략

주재료	부재료
☑ 바지락	☐ 대파
☐ 골뱅이 통조림	☐ 양파
☐ 해물 믹스	☐ 당근
☐ 냉이	☐ 오이
☐ 돌나물	☐ 청양고추
☐ 부추	☐ 홍고추
☐ 소면	
☐ 다진 돼지고기	
☐ 달걀	
☐ 부침가루	
☐ 튀김가루	

냉이는 뿌리가 단단하고 잎이 작고 진한 것이 향이 좋아요.

부추는 잎이 진한 초록색이고 끝까지 힘이 있는 것이 신선합니다. 씻지 않은 채 키친타월에 싸서 보관하면 더 오래 유지돼요.

바지락은 껍질째 구입하면 국물용으로 사용할 수 있고, 살만 있으면 조리 시간을 단축할 수 있죠. 시간이 많을 땐 껍질째, 바쁠 땐 손질된 바지락으로 골라보세요.

알찬 집밥 포인트

1 냉이, 뿌리까지 손질해서 알차게 활용하기
된장무침, 국, 솥밥까지 다양하게 활용할 수 있어요.

2 돌나물은 생으로 무쳐도 OK
자투리 채소와 함께 볶으면 영양 만점 구수한 한 끼가 돼요.

3 바지락 국물, 그냥 버리면 아까워요!
된장국이나 솥밥에 물 대신 넣으면 감칠맛이 깊어져요.

4 달걀장은 부추만 더해도 훌륭한 한 끼 반찬
단짠 간장소스와 함께 밥 비벼 먹기 딱이에요.

이맘때 저렴한 부추는 전으로 부치거나 달걀장 재료로도 활용하면 식탁이 한결 풍성해져요. 이제 진짜 봄이 오는구나 싶은 3월, 봄맞이 집밥으로 이번 달도 알차게 시작해볼까요?

냉이바지락솥밥

봄나물을 대표하는 냉이와 제철 식재료 바지락을 넣어 만드는 솥밥 레시피입니다.
특히 냉이는 여러 봄 나물 중 비타민은 물론 무기질과 단백질 함량이 높으니 봄철에 꼭 챙겨 드세요.

소요 시간	30min (바지락 해감 시간 제외)	난이도	상	중	하
필수 재료	쌀 200ml, 바지락 1kg, 냉이 200g, 소금 2큰술, 국간장 1큰술, 들기름 1큰술				
양념장	간장 3큰술, 매실청 1큰술, 고춧가루 ½큰술, 다진 마늘 ½큰술, 참기름 1큰술, 다진 대파 1큰술, 통깨 1큰술				
조리 과정	(1) 바지락은 물 1L에 소금 2큰술을 넣어 1시간 동안 해감한 뒤 깨끗이 씻어주세요. (2) 쌀은 깨끗이 씻어 30분 이상 충분히 불려주세요. (3) 냉이는 잔뿌리와 흙을 제거하고 씻은 뒤 30초간 데쳐 찬물에 헹구고 물기를 꼭 짜주세요. (4) 데친 냉이는 먹기 좋은 크기로 썰고 국간장 1큰술, 들기름 1큰술을 넣고 무쳐주세요. (5) 바지락은 중간 불에서 삶아 입을 벌리면 건져내 껍질을 제거하고, 국물은 면보에 걸러 주세요. tip. 바지락은 강한 불에서 팔팔 끓이면 식감이 질겨질 수 있으니 중간 불에서 천천히 끓이세요. (6) 냄비에 쌀과 ⑤의 바지락 국물을 1:1 비율(쌀 200ml+바지락 국물 200ml)로 넣고 중약 불에서 뚜껑을 덮고 13분간 끓여주세요. (7) 데친 냉이와 바지락살을 넣어 약한 불에서 5분간 더 끓이고, 불을 끈 뒤 5분간 뜸 들여 주세요. (8) 밥 위에 분량의 재료로 만든 양념장을 곁들이세요.				
알찬 팁	· 바지락은 해감할 때 검은 비닐이나 뚜껑 등으로 빛을 차단해 어두운 환경을 조성해주면 조금 더 빠르게 해감할 수 있어요. · 묵은쌀의 경우 물에 담가 20분 불린 뒤 체에 밭쳐 10분간 물을 빼는 걸 추천합니다.				

돌나물바지락비빔밥

싱그러운 봄내음을 가득 품은 돌나물과 바지락이 만나, 산뜻한 맛과 건강을 동시에 챙길 수 있는 특별한 비빔밥을 소개합니다. 자연의 맛을 그대로 살린 돌나물바지락비빔밥, 함께 만들어보세요.

소요 시간	15min	난이도	상	중	하
필수 재료	바지락 살 200g, 돌나물 50g, 밥 200g, 맛술 1큰술				
양념장	고춧가루 2큰술, 다진 마늘 ½큰술, 간장 3큰술, 매실액 1큰술, 참기름 1큰술, 통깨 약간				
조리 과정	(1) 바지락 살을 끓는 물에 넣고 맛술 1큰술과 함께 30초간 데친 뒤 바로 찬물에 헹궈 물기를 빼주세요. (2) 분량의 양념장 재료를 볼에 넣어 잘 섞어주세요. (3) 밥 위에 깨끗이 씻어 손질한 돌나물과 바지락 살을 얹고, ②의 양념장으로 비벼 드세요.				

알찬 팁

· 양념장에 봄 제철 채소 달래를 넣어도 잘 어울려요.
· 바지락 살은 질겨지지 않도록 30초 정도만 짧게 데쳐주세요.

해물부추전

삼색소보루덮밥을 만들고 남은 부추로 손쉽게 만들 수 있는 해물부추전 레시피입니다.
간단한 재료로 간편하게 즐길 수 있는 요리로, 남은 해물이 있다면 함께 활용해보세요.

소요 시간	25min	난이도	상	중	하

필수 재료	부추 100g, 양파 ½개, 당근 ¼개, 해물 믹스 100g, 부침가루 100ml, 튀김가루 100ml, 청양고추 2개, 홍고추 1개, 식용유 적당량
양념장	간장 2큰술, 식초 1큰술, 고춧가루 ½큰술, 통깨 약간, 설탕 ½큰술
조리 과정	⑴ 부추는 3~4cm 길이로 썰고, 양파와 당근은 채 썹니다. ⑵ 청양고추와 홍고추는 송송 썰어두고, 해물은 먹기 좋은 크기로 준비합니다. ⑶ 큰 볼에 부침가루, 튀김가루를 넣고 물 150ml를 넣어 섞습니다. 이때 반죽이 너무 묽으면 부침가루를 조금 더 넣어 농도를 맞춰주세요. ⑷ 반죽에 준비한 채소와 해물을 모두 넣고 섞어주세요. ⑸ 팬에 식용유를 두르고 반죽을 떠서 팬에 올려 둥글게 펼칩니다. ⑹ 양면이 노릇하게 구워질 때까지 중약불로 부쳐줍니다. ⑺ 기호에 따라 분량의 재료로 만든 양념장을 찍어 드세요.
알찬 팁	·부침가루에 튀김가루를 1:1 비율로 섞으면 더욱 바삭한 전을 만들 수 있어요.

삼색소보루덮밥

한 그릇에 담긴 색색의 맛, 삼색소보루덮밥을 소개합니다. 다진 돼지고기, 신선한 부추, 그리고
부드러운 스크램블드에그가 어우러져 풍성한 영양과 맛을 느낄 수 있는 이 요리는
바쁜 일상에서도 간편하게 즐길 수 있습니다.

소요 시간	35min	난이도	상	중	하

필수 재료	다진 돼지고기 200g, 부추 ½줌, 달걀 3개, 밥 200g, 소금 약간, 식용유 약간, 버터 10g, 간장 3큰술, 올리고당 1큰술, 맛술 1큰술
양념	간장 3큰술, 설탕 1큰술, 맛술 2큰술, 다진 마늘 ½큰술, 참기름 ½큰술, 후춧가루 약간

조리 과정

⑴ 볼에 다진 돼지고기와 분량의 양념 재료를 넣고 골고루 섞어주세요.

⑵ 팬에 양념한 돼지고기를 넣고 물기 없이 볶아주세요.

⑶ 고기를 볶았던 팬에 버터 10g, 간장 3큰술, 올리고당 1큰술, 맛술 1큰술을 넣고 2~3분
간 끓여 소스를 만들어주세요.

⑷ 달걀 3개를 풀고 소금을 약간 넣어 밑간해주세요.

⑸ 팬에 기름을 얇게 두르고 달걀물을 부어 저어가며 스크램블드해주세요.

⑹ 부추는 깨끗이 씻어 1cm 크기로 잘게 썰어주세요.

⑺ 그릇에 밥을 담고 부추, 볶은 돼지고기, 스크램블드에그를 각각 얹어주세요.

⑻ 소스를 입맛에 맞게 뿌려 비벼 드세요.

알찬 팁

· 달걀은 강한 불보다 약한 불에서 천천히 익히면 식감이 훨씬 더 부드러워요.

돌나물골뱅이무침

상큼한 돌나물과 쫄깃한 골뱅이가 만나 입맛을 사로잡는 돌나물골뱅이무침을 소개합니다. 골뱅이에 고추장과 참기름으로 버무린 양념을 더해 더욱 맛있고, 반찬으로도, 술안주로도 안성맞춤입니다.

소요 시간	20min	난이도	상	중	하

필수 재료	돌나물 150g, 골뱅이 통조림 1개(약 300g), 소면 150g, 양파 ¼개(선택), 당근 ⅕개(선택), 오이 ½개(선택), 참기름 1큰술
양념	고추장 2큰술, 간장 1큰술, 설탕 2큰술, 식초 3큰술, 골뱅이 국물 1큰술, 고춧가루 1큰술, 참기름 1큰술, 통깨 약간
조리 과정	⑴ 돌나물은 깨끗이 씻어 물기를 빼고, 양파, 당근, 오이가 있다면 채 썰어 준비해주세요. ⑵ 골뱅이는 체에 밭쳐 물기를 뺀 뒤 먹기 좋은 크기로 썰어주세요. ⑶ 끓는 물에 소면을 넣고 3분간 삶은 뒤 찬물에 헹궈 물기를 빼고, 참기름 1큰술을 넣어 골고루 섞어주세요. ⑷ 볼에 분량의 양념 재료를 넣고 섞어주세요. ⑸ ④에 골뱅이, 돌나물, 양파, 당근, 오이를 넣고 버무려주세요. ⑹ 삶은 소면과 함께 그릇에 담아 완성합니다.
🍳 알찬 팁	· 소면을 삶은 후 참기름에 버무리면 면이 붙지 않아 더욱 맛있게 즐길 수 있습니다. · 2배 식초를 사용할 경우, 식초 양을 반으로 줄여 맛의 균형을 맞추세요.

부추달걀장

향긋한 부추와 부드러운 달걀이 어우러져 밥 한 그릇을 금세 비우게 만드는 레시피를 소개합니다.
간편해서 누구나 쉽게 따라 할 수 있으니 냉장고에 남아 있는 부추가 있다면 꼭 만들어보세요.

소요 시간	10min	난이도	상	중	하

필수 재료	달걀 10개, 부추 ½줌, 대파 1대, 청양고추 2개, 소금 1큰술
양념	간장 100ml, 물엿 50ml, 다진 마늘 1큰술, 통깨 1큰술

조리 과정

⑴ 냄비에 달걀이 잠길 정도로 물을 붓고 끓인 뒤 소금 1큰술과 달걀을 넣어 7~8분간 삶아주세요.

⑵ 삶은 달걀은 찬물에 식힌 뒤 껍질을 벗기세요.

⑶ 깨끗이 손질한 부추는 1cm 크기로 자르고 대파와 청양고추도 송송 썰어주세요.

⑷ 간장:물:물엿을 1:1:0.5 비율(간장 100ml+물 100ml+물엿 50ml)로 넣고 다진 마늘 1큰술을 넣어 골고루 섞어주세요.

⑸ 반숙 달걀, 대파, 청양고추, 부추에 ④의 양념장을 넣고 통깨를 뿌려 냉장고에서 6시간 이상 숙성시키세요.

알찬 팁

· 냉장고에서 바로 꺼낸 달걀을 사용할 경우, 급격한 온도 차이로 깨질 수 있으니 상온에 30분 정도 미리 꺼내두면 좋습니다.

· 기호에 따라 먹기 직전에 참기름을 추가하면 더욱 맛있게 즐길 수 있습니다.

4월 집밥

지금 먹어야 더 맛있는 집밥 레시피

4월은 봄이 무르익으며 식재료 값도 한결 안정되는 시기예요. 이럴 때일수록 '지금 먹어야 더 맛있는' 제철 재료를 놓치지 마세요. 특히 이번 달 식단은 한 가지 재료를 두 번 이상 알차게 활용하도록 구성했어요. 제철이라 더 맛있는 주꾸미는 볶음으로 한 번, 파스타로 또 한 번, 색다르게 즐기고 애호박은 제육덮밥으로 만들어 간단하고 실속 있게 즐겨보세요. 남은 재료를 주먹밥으로 한 번 더 활용하면 장바구니 부담도 줄고, 냉장고 속 낭비도 줄일 수 있어요.

 ## 이번 달 장보기 전략

주재료	부재료
☑ 대패 삼겹살	☐ 마늘종
☐ 주꾸미	☐ 양파
☐ 다진 소고기	☐ 당근
☐ 베이컨	☐ 마늘
☐ 애호박	☐ 대파
☐ 표고버섯	☐ 청양고추
☐ 취나물	☐ 김가루
☐ 달래	
☐ 소면	
☐ 파스타 면	

 ## 알찬 집밥 포인트

1 취나물은 한 번 삶아두면 든든해요.
무침, 비빔밥까지 향긋한 봄 한 끼로 다양하게 즐길 수 있어요.

2 주꾸미는 손질 후 냉동해두면 활용도 만점!
볶음, 샤부샤부, 라면까지 언제든 꺼내서 바로 쓸 수 있어요.

3 베이컨은 집밥 고민 해결템!
대용량으로 구입해 냉동 소분해두면 필요할 때마다 꺼내 쓰기 딱 좋아요.

 달래는 알뿌리가 마르지 않고 단단한 것이 신선해요. 묶음으로 판매하는 경우, 안쪽까지 시든 잎이 없는지 꼭 확인해보세요.

 생물 주꾸미는 내장까지 먹어도 괜찮지만, 냉동은 반드시 내장을 제거한 후 사용하는 게 좋아요

 마늘종은 4월 말쯤부터 출하되기 시작하니, 시기에 따라 취나물이나 그린 빈 같은 초록빛 채소로 대체하세요.

4월은 사라진 입맛을 되찾기에도 제격인 달이에요. 향긋한 취나물버섯 솥밥으로 봄철 미각과 영양을 동시에 챙기고, 입맛이 없을 땐 달래 향을 살린 달래간장비빔국수로 입맛과 에너지를 돋워보세요. 이번 달도 냉장고는 가볍게, 식탁은 풍성하게! 알차게 한 끼씩 실천해보세요.

취나물버섯솥밥

향긋한 취나물과 쫄깃한 버섯을 넣어 지은 밥 한 그릇.
간단하지만 특별한 맛으로 계절을 담아보세요.

소요 시간	30min	난이도	상	중	하

필수 재료	쌀 200ml, 표고버섯 3개, 취나물 100g, 국간장 1큰술, 다진 마늘 ½큰술, 들기름 1큰술, 소금 약간, 통깨 약간
양념장	간장 3큰술, 매실청 1큰술, 고춧가루 ½큰술, 다진 마늘 ½큰술, 참기름 1큰술, 다진 대파 1큰술, 통깨 1큰술
조리 과정	⑴ 쌀은 깨끗이 씻어 약 30분간 불리고 체에 밭쳐 물기를 빼주세요.

⑴ 쌀은 깨끗이 씻어 약 30분간 불리고 체에 밭쳐 물기를 빼주세요.

⑵ 취나물은 깨끗이 씻은 뒤 소금을 약간 넣어 끓인 물에 살짝 데친 다음, 찬물에 헹궈 물기를 꼭 짭니다.

⑶ 물기를 제거한 취나물을 먹기 좋게 자르고 국간장 1큰술, 다진 마늘 ½큰술, 들기름 1큰술를 넣고 무쳐주세요.

⑷ 표고버섯은 기둥을 제거하고 얇게 썰어 준비합니다.

⑸ 냄비에 불린 쌀과 물을 1:1 비율(쌀 200ml+물 200ml)로 넣고 끓여주세요.

⑹ 밥 물이 끓기 시작하면 골고루 섞어준 뒤 취나물과 표고버섯을 넣고 뚜껑을 덮은 후 중약불에서 13분간 끓여주세요.

⑺ 약한 불에서 5분, 불을 끈 뒤 5분 뜸 들입니다.

⑻ 분량의 재료를 섞어 양념장을 만들어둡니다.

⑼ 취향에 따라 밥 위에 들기름과 통깨를 뿌린 뒤 양념장과 함께 곁들여 냅니다.

알찬 팁

· 취나물은 끓는 물에 살짝만 데친 뒤 찬물에 헹궈야 부드러운 식감을 살릴 수 있어요. 오래 데치면 질겨질 수 있으니 주의하세요.

달래간장비빔국수

향긋한 달래를 송송 썰어 넣고, 간장 베이스 양념에 쓱쓱 비벼낸 봄 제철 비빔국수예요.
재료는 간단하지만, 달래 특유의 알싸한 향 덕분에 입맛 없던 날에도
한 그릇 뚝딱 하게 만드는 힘이 있어요.

소요 시간	20min	난이도	상	중	하

필수 재료	소면 200g, 달래 50g, 다진 소고기 100g, 김가루 약간, 통깨 약간, 간장 1큰술, 다진 마늘 ½큰술, 설탕 ½큰술, 식용유 약간, 후춧가루 약간
양념장	간장 4큰술, 설탕 ½큰술, 다진 마늘 ½큰술, 매실청 1큰술, 참기름 2큰술
조리 과정	⑴ 달래는 겉껍질을 벗기고 뿌리 쪽을 다듬은 뒤 흐르는 물에 깨끗이 씻어 4~5cm 길이로 썰어주세요. ⑵ 소고기는 간장 1큰술, 다진 마늘 ½큰술, 설탕 ½큰술, 후춧가루 약간을 넣고 밑간해주세요. ⑶ 달군 팬에 기름을 두르고 밑간한 소고기를 바싹 볶아줍니다. ⑷ 끓는 물에 소면을 넣고 젓가락으로 저어가며 3~4분간 삶아주세요. ⑸ 익은 소면은 찬물에 비벼 헹궈 물기를 빼줍니다. ⑹ 분량의 재료를 섞어 양념장을 만들어주세요. ⑺ 볼에 소면, 달래, 양념장을 넣고 고루 섞어 비벼주세요. ⑻ 접시에 담은 뒤 볶은 소고기와 통깨, 김가루를 고명으로 올려 마무리합니다.
🍳 알찬 팁	·달래는 알뿌리가 크면 칼등으로 살짝 으깨면 향이 더 깊어져요. ·소면은 끓어오를 때 찬물을 한두 번 넣어주면 넘치는 걸 막을 수 있어요. ·삶은 소면은 찬물에 여러 번 헹궈야 전분이 빠지면서 면이 붙지 않고 쫄깃해져요.

애호박제육덮밥

대패 삼겹살을 바삭하게 볶아 애호박과 함께 밥 위에 툭! 별다른 반찬 없이도 든든하고,
입맛 없을 때도 한 그릇 뚝딱이에요. 반숙란 하나 올리면 오늘 저녁 메뉴 고민 끝!

소요 시간	20min	난이도	상	중	하
필수 재료	밥 200g, 애호박 ½개, 양파 ½개, 대패 삼겹살 150g, 참기름 약간, 통깨 약간				
양념장	고추장 1큰술, 고춧가루 1큰술, 간장 2큰술, 설탕 ½큰술, 다진 마늘 1큰술, 맛술 2큰술, 후춧가루 약간				
조리 과정	(1) 애호박과 양파는 채 썰어 준비합니다. (2) 달군 팬에 대패 삼겹살을 넣고 노릇하게 볶아주세요. (3) 고기가 익으면 애호박, 양파, 분량의 재료로 만든 양념장을 넣고 강한 불에서 빠르게 볶습니다. (4) 불을 끄기 직전에 참기름과 통깨를 약간 뿌려 마무리합니다. (5) 그릇에 밥을 담고 볶아낸 애호박제육을 올려 완성합니다.				

알찬 팁

· 삼겹살을 볶을 때는 고기에서 나오는 기름만으로도 충분하니, 식용유는 따로 두르지 않아도 돼요.
· 밥 위에 달걀 프라이를 올리면, 비주얼도 살고 영양도 더한 한 끼가 완성돼요.

주꾸미볶음

4월에서 6월까지 제철인 주꾸미로 맛있는 한 끼를 만들어보세요.

매콤한 양념이 더해져 밥과 함께 즐기면 더욱 맛있어요.

소요 시간	30min	난이도	상	중	하

필수 재료	주꾸미 500g, 밀가루 5큰술, 맛술 2큰술, 대파 1대, 양파 ½개, 당근 ¼개, 청양고추 2개, 깻잎 약간(선택), 식용유 3큰술
양념장	고추장 1큰술, 고춧가루 2큰술, 다진 마늘 1큰술, 간장 3큰술, 설탕 1큰술, 물엿 1큰술, 후춧가루 약간
조리 과정	(1) 주꾸미는 내장을 손질한 뒤 큰 볼에 주꾸미와 밀가루를 넣고 바락바락 주물러 씻은 다음 흐르는 물에 깨끗이 헹궈 체에 밭쳐 물기를 빼주세요. (2) 물기를 뺀 주꾸미에 맛술 2큰술을 넣고 잘 버무립니다. (3) 그릇에 분량의 재료를 넣고 잘 섞어 양념장을 만듭니다. (4) 마른 팬에 재워둔 주꾸미를 넣고 30초 정도 빠르게 볶아 건져내 먹기 좋은 크기로 잘라주세요. (5) 팬에 식용유 3큰술을 두르고 대파를 넣어 향이 올라오도록 볶다가 당근과 양파를 넣고 함께 볶습니다. (6) 볶은 채소에 주꾸미와 양념장을 넣고 강한 불에서 빠르게 볶습니다. (7) 주꾸미가 익으면 청양고추를 썰어 넣고 잘 섞은 뒤 취향에 따라 깻잎이나 참기름, 통깨를 뿌려 마무리합니다.

알찬 팁

· 주꾸미를 팬에 한번 볶으면 물기가 생기지 않아 더욱 맛있는 주꾸미볶음을 만들 수 있습니다.

주꾸미마늘종파스타

쫄깃한 주꾸미와 아삭한 마늘종이 어우러진 오일 베이스의 파스타.
바쁜 일상에서도 맛있고 건강한 식사를 원하신다면 이 파스타를 추천합니다.

소요 시간	25min	난이도	상	중	하

필수 재료	주꾸미 200g, 파스타 면 200g, 마늘 6톨, 마늘종 4~5대, 소금 ½큰술, 올리브 오일 2큰술+약간
양념	소금 약간, 후춧가루 약간

조리 과정

⑴ 깨끗이 손질한 주꾸미는 먹기 좋은 크기로 자르고, 마늘은 얇게 슬라이스하고, 마늘종은 3~4cm 길이로 자릅니다.

⑵ 끓는 물에 소금 ½큰술을 넣고 파스타 면을 8분 정도 삶아줍니다. 면이 익으면 체에 밭쳐 물기를 빼고, 올리브 오일을 약간 섞어줍니다.

tip. 파스타 삶은 물은 파스타를 볶을 때 필요합니다. ¼컵 정도 남겨두세요.

⑶ 팬에 올리브 오일 2큰술을 넣고 슬라이스한 마늘을 넣어 향이 올라오도록 볶습니다.

⑷ 마늘이 노릇해지면 삶은 파스타 면과 손질한 주꾸미, 마늘종을 넣고, 면수(약 ¼컵)를 추가해 3~4분 정도 볶습니다.

⑸ 부족한 간은 소금과 후춧가루로 맞춰 마무리합니다.

알찬 팁

· 삶은 파스타 면에 올리브 오일을 섞으면 면이 붙지 않아 더욱 맛있게 즐길 수 있어요.

· 매콤한 맛을 좋아한다면 2번 단계에서 페페론치노를 잘게 부숴 넣어보세요. 더욱 풍부한 맛을 느낄 수 있을 거예요.

애호박삼각주먹밥

얇게 썬 애호박에 주먹밥을 말아 노릇하게 구운 한입 요리예요. 냉장고 속 남은 재료와
베이컨만 있어도 근사하게 만들 수 있고, 도시락이나 아이 반찬으로도 활용도 높은 메뉴입니다.

소요 시간	25min	난이도	상	중	하

필수 재료	밥 300g, 애호박 1개, 베이컨 2줄, 당근 ⅕개, 양파 ⅓개, 소금 약간, 통깨 약간, 식용유 약간, 전분 2큰술

조리 과정	(1) 당근, 양파, 베이컨은 잘게 다지고, 애호박은 채칼로 일정한 두께로 길게 썰어주세요.
	(2) 채 썬 애호박은 소금 약간을 골고루 뿌려 15분 정도 절여줍니다.
	(3) 달군 팬에 기름을 두르고 베이컨을 먼저 볶다가, 당근과 양파를 넣어 함께 볶아주세요.
	(4) 볼에 밥과 볶은 재료를 넣고 소금과 통깨로 간을 맞춘 뒤 고루 섞어줍니다.
	(5) 밥이 따뜻할 때 한입 크기로 삼각 형태의 주먹밥을 만들어주세요.
	(6) 절인 애호박은 키친타월로 물기를 닦고, 한쪽 면에 전분을 얇게 뿌립니다.
	(7) 애호박 위에 주먹밥을 올려 삼각형이 되도록 말아주세요.
	(8) 팬에 식용유를 약간 두르고 말아준 애호박을 끝부분이 아래로 가도록 올려 앞뒤로 노릇하게 구워줍니다.
	(9) 애호박이 잘 붙고 양면이 고르게 익으면 완성입니다.

알찬 팁	· 애호박은 채칼로 일정한 두께로 썰어주는 게 포인트예요.
	· 애호박에 전분을 살짝 뿌리면 주먹밥이 잘 붙어 풀리지 않아요.
	· 애호박과 베이컨에 간이 되어 있으니 소금은 생략해도 좋습니다.

5월 집밥

온 가족이 즐길 수 있는 집밥 레시피

가정의 달 5월은 모임도 많고 식탁에 앉는 가족 구성원도 평소보다 다양해지죠. 어른부터 아이까지 입맛이 제각각이라 메뉴 고민으로 이어집니다. 그래서 이번 달은 온 가족이 함께 즐길 수 있는 집밥에 하나의 재료를 두세 가지 메뉴로 활용할 수 있는 구성을 담았어요. 탱글탱글한 새우는 솥밥으로 한 번, 칠리소스 덮밥으로 또 한 번, 같은 재료지만 전혀 다른 매력으로 식탁을 풍성하게 채워줘요. 소고기편채나 춥스테이크처럼 분위기 있는 고기 반찬도 곁들이고, 남은 고기는 볶음밥으로 알차게 활용해보세요.

 ## 이번 달 장보기 전략

주재료	부재료
☑ 소고기	☐ 대파
☐ 새우	☐ 당근
☐ 참치 캔	☐ 양파
☐ 달걀	☐ 팽이버섯
☐ 파프리카	☐ 부추
☐ 브로콜리	
☐ 신 김치	
☐ 버터	

 새우는 생물보다는 손질된 냉동 흰다리새우가 간편하고 가성비도 좋아요.

 춥스테이크용 소고기는 안심, 등심, 채끝, 부챗살처럼 부드럽고 부담 없는 부위를 고르면 좋아요. 가격은 부챗살이 가장 가성비 좋고, 안심은 부드럽지만 상대적으로 가격대가 있어요.

 소고기말이용 고기는 육전용, 샤부샤부용, 불고기용처럼 얇게 썬 구이용 소고기면 무엇이든 OK! 굳이 비싼 부위 아니어도 얇게 썰린 고기만 있으면 말기 좋아요.

 파프리카는 5월부터 가격이 안정되기 시작해요. 꼭지가 싱싱하고 주름 없이 단단한 걸 골라주세요.

 ## 알찬 집밥 포인트

1 **알록달록 다채로운 파프리카**
파프리카는 색깔별로 잘라두면 음식이 훨씬 다채로워요. 남은 파프리카는 잘게 다져 볶음밥에 넣어 활용도를 높여보세요.

2 **소고기말이는 채소 소진에도 제격!**
냉장고 속 채소를 돌돌 말아 구우면 손색없는 메인 반찬이 돼요.

3 **우주선볶음밥은 아이 어른 모두 인기 만점!**
아이도 어른도 반하는 비주얼 메뉴입니다. 평범한 볶음밥도 달걀과 함께 모양을 내서 올려내면 한 끼 대접 느낌이 나요.

늘 먹던 김치볶음밥도 우주선 모양으로 귀엽게 만들면 아이들 입맛까지 사로잡을 수 있어요. 이번 달도 부담 없이, 즐겁게 한 끼씩 실천해보세요.

새우카레솥밥

솥밥의 고소함과 풍부한 카레 맛이 어우러져 다채로운 맛과 향을 느낄 수 있는 레시피입니다.
가족과 함께 특별한 한 끼를 즐겨보세요.

소요 시간	45min	난이도	상	중	하

필수 재료	쌀 200ml, 새우 150g, 브로콜리 ½개, 당근 ⅕개, 소금 약간, 후춧가루 약간, 맛술 1큰술, 통깨 약간
양념	카레가루 2큰술, 버터 15g, 다진 마늘 1큰술

조리 과정

(1) 새우에 맛술 1큰술, 소금 약간, 후춧가루 약간을 뿌려 밑간해주세요.

(2) 깨끗이 씻은 브로콜리는 먹기 좋은 크기로 자르고, 당근도 잘게 다져주세요.

(3) 손질한 브로콜리는 끓는 물에 소금을 약간 넣어 1분 정도 데친 뒤 찬물에 담가 열기를 식힌 다음 물기를 뺍니다.

(4) 쌀은 깨끗이 씻어 약 30분간 불리고 체에 밭쳐 물기를 빼주세요.

(5) 팬에 버터 15g과 다진 마늘 1큰술을 넣고 볶다가, 마늘 향이 올라오면 새우를 넣어 노릇하게 구워 건져내세요.

(6) 불린 쌀과 카레가루 2큰술을 넣고 30초간 골고루 볶아주세요.

(7) 쌀을 볶다가 물 200ml를 넣고 중강불에서 끓여주세요.

(8) 끓어오르면 당근과 브로콜리를 얹고 중약불에서 뚜껑을 덮고 13분간 끓여주세요.

(9) 새우를 얹고 약한 불에서 5분간 더 익힌 뒤 불을 끄고 5분간 뜸 들이세요.

(10) 재료와 밥이 잘 익었다면 마지막에 통깨를 뿌려 완성합니다.

알찬 팁

· 브로콜리는 끓는 물에 소금을 약간 넣어 데치면 색이 더 선명해집니다.

· 새우는 1차로 익혔기 때문에 밥이 거의 익었을 때 얹어 살짝 익혀주세요.

새우칠리덮밥

탱글탱글한 새우와 매콤한 칠리소스가 어우러져 입맛을 돋우는 레시피입니다.
쉽고 간편하게 한 그릇 요리를 만들어보세요.

소요 시간	20min	난이도	상	중	하

필수 재료	밥 200g, 새우 200g, 양파 ½개, 버터 10g, 식용유 3큰술, 후춧가루 약간, 맛술 1큰술, 다진 마늘 1큰술
양념장	고춧가루 1큰술, 케첩 3큰술, 간장 1큰술, 식초 1큰술, 설탕 1큰술, 물 3큰술
조리 과정	(1) 양파는 잘게 다져서 준비해주세요. (2) 깨끗이 씻은 새우는 맛술 1큰술, 후춧가루 약간을 뿌려 버무려주세요. (3) 분량의 재료를 섞어 양념장을 만들어주세요. (4) 팬에 식용유 3큰술을 두르고 다진 마늘1큰술과 양파를 넣어 볶아주세요 (5) 양파가 투명해지면 만들어둔 양념장과 새우를 넣고 볶아주세요. (6) 새우가 반 정도 익었을 때 버터 10g을 넣고 섞어주세요. (7) 준비한 밥 위에 새우칠리소스를 얹어 마무리합니다.
알찬 팁	· 마늘과 양파는 중약불에서 천천히 볶아야 풍미가 살아나요. 강한 불로 조리하면 마늘이 탈 수 있으니 주의하세요.

소고기편채

소고기와 다양한 채소를 함께 구우면 맛과 건강을 동시에 챙길 수 있는
훌륭한 한 끼가 완성됩니다. 꼭 한번 만들어보세요.

소요 시간	30min	난이도	상	중	하

필수 재료	소고기(불고기용) 300g, 빨간색·노란색 파프리카 각 1개, 팽이버섯 1봉, 부추 ½줌, 소금 약간, 후춧가루 약간, 식용유 2큰술
양념장	간장 2큰술, 식초 1큰술, 물 1큰술, 설탕 ½큰술, 연겨자 약간(취향껏)
조리 과정	⑴ 소고기는 소금 약간, 후춧가루 약간을 뿌려 밑간하세요. ⑵ 파프리카는 채 썰고, 팽이버섯과 부추는 파프리카와 비슷한 길이로 썰어 준비합니다. ⑶ 볼에 분량의 재료를 넣어 잘 섞어 찍어 먹을 양념장을 만들어주세요. ⑷ 준비한 소고기를 넓게 편 뒤 썰어놓은 채소를 넣어 감싸듯 말아줍니다. ⑸ 팬에 식용유 2큰술을 둘러 소고기말이를 겉면이 노릇해질 때까지 구워주세요. ⑹ 구운 소고기채소말이를 접시에 담고, ③에 찍어 맛있게 드세요.
알찬 팁	· 고기를 너무 오래 익히면 식감도 질겨지고 채소 또한 맛이 떨어질 수 있으니 주의하세요.

촙스테이크

다양한 채소와 소고기가 조화를 이루는 촙스테이크로 특별한 날을 기념해보세요.
돈가스소스로 맛을 더해 누구나 좋아하는 인기 메뉴입니다.

소요 시간	30min	난이도	상	중	하

필수 재료	소고기 500g, 양파 ½개, 빨간색·노란색 파프리카 각 1개, 브로콜리 ½개, 올리브 오일 4큰술, 버터 20g, 소금 ½큰술+약간, 후춧가루 약간
소스	돈가스소스 3큰술, 케첩 2큰술, 간장 ½큰술, 맛술 1큰술, 설탕 1+½큰술, 다진 마늘 ½큰술, 후춧가루 약간
조리 과정	(1) 소고기, 양파, 파프리카는 2cm 크기로 깍둑 썰어 준비해주세요. (2) 썰어놓은 소고기에 올리브 오일 2큰술, 소금 약간, 후춧가루 약간을 넣고 15분 정도 재워둡니다. (3) 브로콜리는 끓는 물에 소금 ½큰술을 넣고 1분간 데친 뒤 찬물에 담가 열기를 식혀주세요. (4) 볼에 분량의 재료를 넣고 잘 섞어 소스를 만듭니다. (5) 팬에 올리브 오일 2큰술, 버터 20g을 넣고 재워둔 소고기를 넣은 뒤 핏기가 사라질 때까지 볶아주세요. (6) 소고기가 익으면 양파를 넣고 볶다 파프리카를 추가해 함께 볶습니다. 양파가 반투명해지면 만들어둔 소스와 데쳐둔 브로콜리를 넣고 잘 섞어줍니다. (7) 모든 재료가 잘 섞이면 불을 끄고 마무리합니다.
알찬 팁	·소고기는 너무 오래 익히면 질겨질 수 있으니 주의하세요. ·파프리카는 선명한 색깔과 아삭한 식감이 중요하므로, 너무 오래 볶지 않고 적당히 익었을 때 소스를 넣어주세요.

우주선김치볶음밥

오늘 저녁 식사는 우주선 모양의 김치볶음밥으로 준비해보세요.
보는 재미와 먹는 재미를 동시에 느낄 수 있는 특별한 메뉴입니다.

소요 시간	20min	난이도	상	중	하

필수 재료	밥 200g, 참치 캔(작은 것) 1개, 대파 1대, 신 김치 ½컵, 식용유 3큰술, 달걀 2개, 맛술 1큰술, 소금 약간, 통깨 약간
양념	고춧가루 ½큰술, 간장 2큰술, 설탕 1큰술, 참기름 1큰술
조리 과정	(1) 대파는 송송 썰고, 김치는 먹기 좋은 크기로 잘게 썰어주세요. (2) 달걀은 그릇에 소금 약간과 맛술 1큰술을 넣고 잘 풀어주세요. (3) 팬에 식용유 3큰술을 두르고 대파를 넣어 볶아주세요. (4) 대파 향이 올라오기 시작하면 기름 뺀 참치와 김치, 고춧가루 ½큰술, 간장 2큰술, 설탕 1큰술을 넣고 중약불에서 볶아주세요. (5) 준비한 밥을 넣고 재료와 잘 섞으며 볶아주세요. 밥이 김치와 잘 어우러지도록 충분히 섞습니다. (6) 불을 끄고 참기름 1큰술, 통깨 약간을 넣어 고소한 풍미를 더해주세요. (7) 밥그릇에 볶음밥을 꾹꾹 눌러 담고, 적당한 크기의 팬에 뒤집어주세요. (8) 빈 공간에 달걀물을 둘러주고 약한 불에서 뚜껑을 덮어 익혀주세요. (9) 달걀이 골고루 익으면 불을 끄고 마무리합니다.

알찬 팁

· 신 김치가 없다면 식초 1큰술을 넣어 새콤한 맛을 더해주세요.
· 볶음밥은 밥공기에 꾹꾹 눌러 담아야 모양이 예쁘게 나와요.

소고기채소볶음밥

남은 파프리카 있다면 맛있고 영양가 높은 볶음밥으로 알뜰하게 활용해보세요.
간단하게 만들 수 있으면서도 한 끼 식사로 충분히 만족스러운 레시피입니다.

소요 시간	20min	난이도	상	중	하

필수 재료	밥 200g, 다진 소고기 100g, 빨간색·노란색 파프리카 각 ½개, 양파 ¼개, 대파 ½대, 굴소스 ½큰술, 참기름 1큰술, 통깨 ½큰술, 식용유 2큰술
양념	간장 1큰술, 맛술 ½큰술, 다진 마늘 ½큰술, 설탕 1작은술, 후춧가루 약간
조리 과정	(1) 대파와 양파, 파프리카는 잘게 썰어 준비합니다. (2) 소고기는 분량의 양념 재료를 넣어 밑간하세요. (3) 팬에 식용유 2큰술을 두르고 대파를 넣고 볶아주세요. (4) 대파 향이 올라오기 시작하면 소고기를 넣고 고기가 뭉치지 않도록 풀어주면서 수분을 완전히 날립니다. (5) 고기가 바싹 볶아지면 양파를 넣어 1분 정도 더 볶아주세요. (6) 양파가 투명해지기 시작하면 준비한 밥을 넣고, 굴소스 ½큰술을 더해 부족한 간을 맞춰줍니다. (7) 밥이 골고루 섞이면 파프리카와 참기름 1큰술, 통깨 ½큰술을 넣고 가볍게 섞어 마무리합니다.
알찬 팁	·파프리카는 오래 볶으면 수분이 빠져 밥이 질척해지므로, 마지막에 넣고 살짝 볶는 것이 포인트입니다.

6월 집밥

새콤달콤 입맛을 돋우는 집밥 레시피

본격적으로 더워지는 6월쯤에는 식탁에 시원하고 상큼한 변화가 필요하죠. 특히 입맛이 떨어지는 날엔 가볍고 기분이 전환되는 메뉴가 절로 떠오르잖아요. 그래서 이번 달은 새콤달콤한 맛으로 입맛을 살려주는 식단으로 구성했어요. 토마토, 오이, 양배추처럼 6월 제철 채소는 맛도 좋고, 가격도 착해 식탁 변화를 주기에 딱이에요. 특히 영양가 높은 토마토를 충분히 활용해 솥밥으로 한 번, 볶음밥으로 또 한 번, 같은 재료지만 전혀 다른 느낌으로 즐겨보세요.

 ## 이번 달 장보기 전략

주재료	부재료
☑ 양배추	☐ 마른 미역
☐ 토마토	☐ 홍고추
☐ 오이	☐ 대파
☐ 달걀	☐ 쪽파
☐ 고추참치 캔	☐ 마늘
☐ 게맛살	
☐ 소면	
☐ 소고기	

 토마토는 껍질이 단단하고 붉은빛이 선명한 게 좋아요. 보관할 땐 꼭지를 떼고 물기를 닦아 밀폐 용기에 담아주세요.

 양배추는 속이 단단하고 묵직한 걸 골라요. 자른 면에 키친타월을 덮고 랩으로 감싸 보관하면 5~7일은 거뜬해요.

 오이를 못 먹는 식구가 있다면, 사과채로 대체해보세요. 무침이나 비빔국수에 넣어도 아삭하고 상큼하게 잘 어울려요.

 ## 알찬 집밥 포인트

1 토마토는 여름철 별미 식재료!
익히면 신맛이 줄고 감칠맛이 살아나 리소토처럼 밥과 잘 어울려요.

2 양배추는 지금이 활용 찬스!
비빔국수, 덮밥, 샌드위치까지 두루 잘 어울려 다양하게 즐길 수 있어요.

3 게맛살은 저렴하면서도 활용도는 최고!
간단하게 무쳐 반찬으로, 또는 샌드위치 속 재료로 활용하면 든든해요.

무더운 날엔 오이미역냉국처럼 시원한 국물이 속까지 개운하게 해주고, 오이게맛살무침은 새콤한 맛으로 입맛을 확 살려줘요. 샌드위치 속 재료로 활용하면 아침 식사도 간단해져요. 양배추는 한 통만 사도 양이 많지만, 덮밥이나 비빔국수에 다양하게 활용하면 냉장고에 오래 둘 필요 없이 알차게 소진할 수 있어요. 이번 달엔 가벼운 한 끼로 입맛도 기분도 함께 챙겨보세요!

소고기토마토솥밥

별다른 반찬이 없어도 맛있게 즐길 수 있는 솥밥, 좋아하시나요?
다양한 솥밥 레시피 중 새콤달콤한 토마토를 활용한 특별한 솥밥 레시피를 소개해드릴게요.

소요 시간	60min	난이도	상 중 하
필수 재료	토마토 1개, 쌀 200ml, 소고기 150g, 쪽파 2줄기, 식용유 1큰술		
양념	간장 2큰술, 맛술 1큰술, 다진 마늘 ½큰술, 참기름1큰술		
조리 과정	(1) 토마토는 꼭지를 떼고 십자 모양으로 칼집을 내주세요.		

조리 과정

(1) 토마토는 꼭지를 떼고 십자 모양으로 칼집을 내주세요.

(2) 소고기는 분량의 양념 재료를 넣어 밑간해주세요.

(3) 쌀은 깨끗이 씻은 뒤 체에 밭쳐 30분 이상 충분히 불려주세요.

(4) 냄비에 식용유 1큰술을 두르고, 밑간한 소고기를 볶아주세요.

(5) 소고기의 핏기가 사라지면 불려둔 쌀을 넣고 30초간 볶아주세요.

(6) 쌀이 투명해지기 시작하면 물 200ml를 넣고 중강불에서 끓여주세요.

(7) 물이 끓어오르면 토마토를 가운데 넣고 중약불에서 뚜껑을 덮고 13분간 끓여주세요.

(8) 송송 썬 쪽파를 얹은 뒤 약한 불에서 뚜껑을 덮고 5분 더 익히고 불을 끈 다음 5분간 뜸 들여주세요.

(9) 먹기 직전에 토마토 껍질을 벗기고 밥과 토마토를 골고루 섞어주세요.

알찬 팁

· 토마토는 꼭 완숙으로 준비해주세요. 덜 익은 토마토는 신맛이 강해서 솥밥으로 먹기에는 어울리지 않아요.

토마토달걀볶음밥

라이코펜이 풍부한 토마토는 10대 슈퍼푸드 중 하나로 꼽히는 건강한 식품이에요.

달걀볶음밥에 토마토를 넣어 함께 볶으면 감칠맛과 색다른 풍미가 더해져 새로운 메뉴로 재탄생하죠.

소요 시간	20min	난이도	상	중	하

필수 재료	밥 200g, 토마토 1개, 달걀 1개, 대파 1대, 마늘 3톨, 소금 약간, 후춧가루 약간, 식용유 1큰술, 굴소스 1큰술

조리 과정	(1) 토마토는 먹기 좋게 썰고 마늘은 편 썰어주세요.
	(2) 대파는 송송 썰어 준비합니다.
	(3) 달걀은 젓가락으로 풀어 소금과 후춧가루 약간을 넣어 밑간해주세요.
	(4) 팬에 식용유 1큰술을 두르고 마늘과 대파를 볶아 향을 내주세요.
	(5) 대파 향이 올라오면 달걀물을 넣어 부드럽게 저어가며 익히세요.
	(6) 밥을 넣고 굴소스 1큰술을 더해 골고루 섞어가며 볶아주세요.
	(7) 재료가 잘 섞이면 토마토를 넣어 살짝 익히세요.
	(8) 기호에 따라 소금이나 후춧가루로 간을 맞추고 마무리합니다.

알찬 팁	· 고슬고슬한 볶음밥을 만들고 싶다면 토마토 속을 잘라내고 사용해도 좋아요.

오이미역냉국

아삭한 오이와 미역이 새콤달콤한 국물과 어우러져 입맛을 개운하게 살려주는 레시피예요.
식탁에 한 그릇 올려두면 더운 날에도 밥 한술이 절로 들어간답니다.

소요 시간	30min	난이도	상	중	하
필수 재료	마른 미역 10g, 오이 1개, 홍고추 1개				
양념	식초 6큰술, 설탕 3큰술, 국간장 1큰술, 다진 마늘 ½큰술, 통깨 약간, 소금 약간				
조리 과정	(1) 미역은 찬물에 10분 이상 불린 뒤 흐르는 물에 헹궈 물기를 제거합니다.				
	(2) 오이와 홍고추는 가늘게 채 썰어 준비합니다.				
	(3) 불린 미역에 식초 6큰술, 설탕 3큰술, 국간장 1큰술, 다진 마늘 ½큰술을 넣고 조물조물 무쳐 간이 배도록 10분 정도 둡니다.				
	(4) 물 600ml와 통깨를 약간 넣고 오이, 홍고추를 넣어 함께 섞습니다. 이때 부족한 간은 소금으로 맞춥니다.				
	(5) 얼음을 추가하거나 냉장고에서 차갑게 식혀 그릇에 담아 시원하게 즐깁니다.				
알찬 팁	· 미역과 오이는 수분을 머금어 시간이 지나면 싱거워질 수 있으니, 먹기 직전에 간을 조절하세요.				
	· 시판 냉면 육수가 있다면 육수로 활용해도 좋습니다.				

참치양배추덮밥

냉장고에 남아 있는 양배추와 참치 캔만 있다면, 손쉽게 한 그릇 요리를 만들 수 있어요.
간단하면서도 든든해 다이어트식으로도 딱 좋은 참치양배추덮밥 레시피를 소개해드릴게요.

소요 시간	15min	난이도	상	중	하

필수 재료	밥 200g, 양배추 100g, 고추참치 캔 100g, 대파 ⅓대, 식용유 2큰술

양념	고춧가루 ½큰술, 간장 1큰술, 참기름 ½큰술

조리 과정	(1) 깨끗이 씻은 양배추는 먹기 좋은 크기로 채 썬 뒤 물기를 털고 대파는 송송 썰어 준비합니다. (2) 팬에 식용유 2큰술을 두르고, 대파를 넣어 약한 불에서 향이 올라올 때까지 볶아주세요. (3) ②에 양배추를 넣고 중간 불에서 볶아 숨이 살짝 죽으면 준비해둔 참치를 추가합니다. (4) 이어서 고춧가루 ½큰술, 간장 1큰술을 넣고 골고루 섞어 볶아주세요. (5) 재료가 골고루 섞이면 참기름 ½큰술을 넣어 마무리합니다. (6) 그릇에 밥을 담고 그 위에 볶은 참치양배추를 적당량 얹어 완성합니다.

알찬 팁	·취향에 따라 통깨를 뿌리거나 달걀 프라이를 추가해도 좋아요.

양배추비빔국수

아삭한 양배추와 매콤달콤한 양념이 어우러진 양배추비빔국수. 간단한 재료와 손쉬운 과정으로 누구나 쉽게 만들 수 있어 바쁜 날에도 든든한 한 끼를 책임질 최고의 선택이 되어줄 거예요.

소요 시간	20min	난이도	상	중	하

필수 재료	소면 200g, 양배추 100g, 오이 약간
양념장	배 음료 200ml, 고추장 2큰술, 고춧가루 1큰술, 물엿 1큰술, 다진 마늘 ½큰술, 간장 1큰술, 식초 2큰술, 참기름 ½큰술
조리 과정	(1) 오이와 양배추는 얇게 채 썰어 준비합니다. (2) 볼에 분량의 재료를 넣고 잘 섞어 양념장을 만듭니다. (3) 끓는 물에 소면을 넣고 포장지에 표시된 시간대로 삶은 뒤 찬물에 헹궈 물기를 빼주세요. (4) 삶은 국수에 양배추, 오이를 넣고 ②의 양념장을 부어 마무리합니다.
알찬 팁	· 매콤함은 고춧가루로, 상큼함은 식초와 설탕으로 간단히 조절 가능해요.

오이게맛살무침

입맛 돋우는 상큼한 반찬이 필요하다면, 간단하면서도 아삭한 오이게맛살무침을 추천해요.
신선한 양배추와 오이에 고소한 게맛살을 더해 누구나 좋아할 맛있는 반찬을 쉽게 만들어보세요.

소요 시간	15min	난이도	상	중	하
필수 재료	오이 ⅓개, 양배추 50g, 게맛살 3개				
양념	마요네즈 3큰술, 허니 머스터드 1큰술, 설탕 ½큰술, 레몬즙 ½큰술, 후춧가루 약간(선택)				
조리 과정	(1) 양배추와 오이는 채 썰고 게맛살은 손으로 찢어 준비합니다. (2) 볼에 마요네즈 3큰술, 허니 머스터드 1큰술, 설탕 ½큰술, 레몬즙 ½큰술, 후춧가루 약간(선택)을 섞어 양념을 만듭니다. (3) 양배추와 오이, 게맛살을 넣고 준비된 양념을 골고루 섞어주세요. tip. 후춧가루를 살짝 뿌려 간을 맞추면 더욱 맛있습니다.				

🧤 **알찬 팁**   · 양배추와 오이의 아삭한 식감이 그대로 살아 있도록 무친 후 바로 먹는 것이 좋습니다.

7월 집밥

삼복 더위를 이겨내는 7월의 집밥

본격적인 삼복 더위가 시작되는 7월! 입맛도 체력도 쉽게 지치기 쉬운 계절이지만, 꼭 거창한 보양식이 아니어도 집에서 가볍고 알차게 챙길 수 있어요. 이번 달은 부담 없이 실속 있게 기운을 채울 수 있는 집밥 메뉴를 골라봤어요. 더위에 지쳤을 땐 부추를 더한 삼계탕으로 간단하게 몸보신하고 퍽퍽한 닭가슴살이 남았다면, 채소죽으로 부드럽게 마무리해보세요. 훈제 오리는 쌈무에 돌돌 말아 간단하게 완성할 수 있고, 오리주물럭은 볶기만 해도 한 끼 보양식이 되는 메뉴예요.

 ## 이번 달 장보기 전략

주재료	부재료
☑ 전복	☐ 오이
☐ 훈제 오리	☐ 토마토
☐ 오리고기	☐ 무순
☐ 두부	☐ 대파
☐ 소면	☐ 양파
☐ 두유	☐ 마늘
☐ 부추	☐ 애호박
☐ 생닭	☐ 감자
☐ 닭고기	☐ 당근
☐ 파프리카	☐ 쪽파
☐ 표고버섯	☐ 버터
☐ 쌈무	☐ 찹쌀
☐ 삼계탕용 티백	

 전복은 여름이 제철! 복날을 앞두고 할인 행사가 많아지니, 이 시기를 노리면 장바구니 부담을 줄일 수 있어요.

 생닭은 삼계탕용 영계로 준비하면 가격도 저렴하고 조리 시간도 줄일 수 있어요. 닭죽으로 이어질 걸 고려해 넉넉하게 조리 후 닭고기를 나눠 쓰면 효율적이에요.

 콩국수는 무가당 두유를 활용하면 콩을 불리고 삶는 번거로움 없이 시원한 콩국수를 만들 수 있어요.

 ## 알찬 집밥 포인트

1 **전복 손질이 어렵다면 살짝 데쳐보세요!**
끓는 물에 10초만 데치면 껍데기와 내장이 쉽게 분리돼 손질하기 훨씬 쉬워져요.

2 **삼계탕은 다음 날 닭죽으로 한 번 더!**
남은 닭고기와 국물을 활용해 간단한 아침 한 끼로 즐기기 좋아요.

3 **오리주물럭은 잡내 제거가 맛을 좌우해요!**
맛술, 마늘, 된장을 더해 잡내를 잡아주고 양념에 미리 재워 완성도를 높여보세요.

특별한 날엔 전복과 버섯을 넣은 솥밥으로, 입맛 없을 땐 두유콩국수처럼 부담 없이 시원한 한 그릇으로도 좋아요. 지치는 여름, 시원하고 간단한 한 끼로 식탁에 기운을 더해보세요.

두유콩국수

식물성 단백질을 함유한 두유와 두부를 활용해 빠르게 만들어 먹을 수 있는 콩국수 레시피입니다.
더운 여름철, 시원한 콩국수 한 그릇으로 든든하게 챙겨 드세요.

소요 시간	15min	난이도	상	중	하

필수 재료	소면 100g, 오이 ¼개, 토마토 약간
콩국물 재료	두부 150g, 두유 380ml, 땅콩버터 2큰술, 설탕 1작은술, 소금 약간

조리 과정	

(1) 오이는 채 썰고, 토마토는 먹기 좋은 크기로 썰어 고명으로 준비합니다.

(2) 끓는 물에 소면을 넣고 4분 정도 삶은 뒤 찬물에 헹궈 체에 밭쳐놓습니다.

(3) 믹서에 분량의 콩국물 재료를 넣고 부드럽게 갈아냅니다.

(4) 준비된 소면을 그릇에 담고 콩국물을 부은 뒤 오이와 토마토를 얹어 마무리합니다.

알찬 팁

· 땅콩버터를 넣으면 고소한 맛이 더해져 특별한 풍미를 즐길 수 있어요.
· 시판 두유나 땅콩버터는 당을 첨가한 제품이 많으니 꼭 무가당 표시를 확인하고 사용하는 게 좋아요.

오리훈제쌈무말이

상큼한 쌈무와 아삭한 채소의 식감이 일품인 쌈무말이는 비주얼 또한 화려해 홈파티 메뉴로도 사랑받습니다. 톡 쏘는 겨자소스와 함께 맛과 영양까지 모두 챙겨보세요.

소요 시간	15min	난이도	상	중	하

필수 재료	훈제 오리 200g, 파프리카 2개, 무순 약간, 부추 1줌, 쌈무 1팩
양념장	허니 머스터드 2큰술, 레몬즙 1큰술, 꿀 ½큰술, 물 1큰술, 연겨자 약간(취향껏)
조리 과정	⑴ 무순은 깨끗이 씻고, 쌈무는 손으로 살짝 눌러 물기를 짜주세요. ⑵ 파프리카는 채 썰고, 부추는 끓는 물에 10초간 데쳐 준비합니다. ⑶ 분량의 재료를 잘 섞어 양념장을 만들어주세요. ⑷ 훈제 오리는 에어프라이어에 넣고 180℃에서 10분간 구워 바삭하게 만들어주세요. ⑸ 쌈무에 훈제 오리, 파프리카, 무순을 얹고 돌돌 말아주세요. ⑹ 데친 부추로 쌈무가 풀리지 않도록 묶어주세요. ⑺ ③의 양념장과 곁들여 냅니다.

알찬 팁

· 쌈무 속 재료로 맛살, 칵테일새우, 훈제 닭 가슴살 등을 활용해보세요. 각기 다른 재료가 잘 어우러져 다양한 맛을 즐길 수 있습니다.
· 에어프라이어 출력에 따라 조리 시간이 달라질 수 있으니, 필요에 따라 시간을 조절하세요.

부추삼계탕

삼계탕은 여름철에 인기 있는 음식 중 하나로 체온을 조절하고 체력을 보충해주는 대표적인
보양식입니다. 데친 부추와 양념소스를 곁들여 집에서도 더욱 맛있게 즐겨보세요.

소요 시간	60min	난이도	상	중	하

필수 재료	닭 1kg, 찹쌀 150ml, 마늘 10톨, 대추 4~5개, 삼계탕용 티백 1개, 대파 2대, 양파 ½개, 부추 약간, 소금 1작은술
양념	고춧가루 2큰술, 간장 4큰술, 다진 마늘 1큰술, 매실액 1큰술, 연겨자 ½큰술, 삼계탕 육수 2큰술, 다진 대파 1큰술
조리 과정	⑴ 찹쌀은 30분 정도 불린 뒤 채반에 밭쳐 물기를 빼주세요. ⑵ 닭은 날개 끝부분과 꽁지를 자르고, 불필요한 지방도 잘라냅니다. 닭 안쪽에 있는 내장도 흐르는 물에 씻어주세요. ⑶ 닭 안쪽에 불린 찹쌀, 대추, 마늘을 넣고 닭 다리를 겹쳐 실로 고정합니다. ⑷ 대파는 큼직하게 2~3등분하고, 양파는 반으로 썰어주세요. ⑸ 물 3L에 닭과 삼계탕용 티백, 손질한 대파, 양파, 소금 1작은술을 넣고 강한 불에서 10분, 중간 불에서 30분 동안 끓입니다. ⑹ 분량의 재료를 섞어 양념장을 만듭니다. ⑺ 닭은 그릇에 담고, 끓는 육수에 부추를 살짝 데쳐 닭 위에 얹어서 마무리합니다.

알찬 팁
· 찹쌀을 미리 불려놓으면 빠르게 조리할 수 있고, 찹쌀이 부드럽게 익어 삼계탕 국물에 깊은 맛을 더해줍니다.

버섯전복솥밥

여름철 기력 회복에 좋은 식재료로 떠오르는 전복에 표고버섯을 더해 고소하면서도 풍미 진한
솥밥을 만들어보세요. 솥밥 하나만 있어도 식탁이 더욱 풍성해집니다.

소요 시간	60min	난이도	상	중	하

필수 재료	쌀 200ml, 전복 3~4미, 표고버섯 3개, 쪽파 3줄기, 버터 15g, 식용유 1큰술, 참기름 1큰술, 맛술 3큰술, 통깨 약간
양념	간장 약간(선택)
조리 과정	(1) 표고버섯은 채 썰고, 전복은 깨끗이 씻은 뒤 이빨을 제거하고 내장과 살을 분리해 채 썬 뒤, 내장은 맛술 3큰술과 함께 블렌더로 갈아 준비합니다. (2) 쌀은 깨끗이 씻은 뒤 체에 밭쳐 30분 이상 충분히 불려주세요. (3) 팬에 버터 15g을 두르고 전복살을 볶아 잠시 덜어낸 뒤, 같은 팬에 식용유 1큰술, 참기름 1큰술을 두르고 내장을 볶습니다. 내장이 뭉치기 시작하면 불린 쌀을 넣고 섞어주세요. (4) 쌀과 물을 1:1 비율(쌀 200ml+물 200ml)로 넣고 끓이다가 뚜껑을 덮고 중약불에서 13분 간 끓입니다. (5) ③의 전복 살을 넣은 뒤 표고버섯을 얹고 약한 불에서 5분 더 익힌 다음 불을 끄고 5분 간 뜸 들입니다. (6) 통깨와 쪽파를 얹어 마무리하고, 기호에 따라 간장을 곁들이세요.

알찬 팁
· 깨끗이 씻은 전복을 끓는 물에 10초 정도 데치면 내장을 쉽게 분리할 수 있어요.

오리주물럭

매콤하고 달콤한 오리주물럭, 간단하게 만들어보세요.
오리고기와 잘 어울리는 양념이 밥반찬은 물론, 술안주로도 딱이에요.

소요 시간	35min	난이도	상	중	하

필수 재료	오리고기 500g, 대파 1대, 양파 1개, 통깨 약간

양념장	고춧가루 3큰술, 고추장 2큰술, 간장 4큰술, 된장 ½큰술, 맛술 2큰술, 설탕 1+½큰술, 다진 마늘 1큰술, 후춧가루 약간

조리 과정	(1) 볼에 분량의 재료를 넣고 잘 섞어 양념장을 만듭니다.
	(2) 양념장에 오리고기를 넣고 고루 버무려 10~20분 정도 재워 양념이 잘 배어들도록 해주세요.
	(3) 대파는 어슷 썰고, 양파는 채 썰어 준비합니다.
	(4) 팬에 양념한 오리고기를 넣고 중간 불에서 볶습니다. 오리고기가 익기 시작하면 채소를 넣고 함께 볶아줍니다.
	(5) 오리고기가 완전히 익고 양념이 졸아들면 불을 끄고 통깨 약간을 뿌려 마무리합니다.

🔒 알찬 팁	· 오리고기를 양념에 충분히 재워두면 더 깊은 맛을 낼 수 있습니다. 시간이 부족해도 최소 10분 이상은 재워두세요.

닭채소죽

삼계탕을 만들고 남은 닭고기, 어떻게 활용할지 고민되시죠? 남은 닭고기와 찬밥으로 부드럽고 맛있는
닭죽을 만들어보세요. 닭 육수와 채소가 어우러져 영양가 높은 한 끼로 손색없어요.

소요 시간	20min	난이도	상	중	하

필수 재료	찬밥 200g, 삼계탕을 하고 남은 닭고기(약 200g), 닭 육수 600ml, 애호박 ¼개, 감자 ½개, 당근 ¼개, 식용유 1큰술, 참기름 1큰술
양념	소금 약간, 후춧가루 약간
조리 과정	(1) 남은 찬밥을 준비하고, 삼계탕을 하고 남은 닭고기는 먹기 좋은 크기로 찢어놓으세요. (2) 닭 육수는 체에 걸러 준비하고 애호박, 감자, 당근은 작게 다지세요. (3) 냄비에 식용유 1큰술, 참기름 1큰술을 넣고 애호박, 감자, 당근을 1~2분간 볶아 향을 내세요. (4) 볶은 재료에 닭 육수 600ml와 찬밥을 넣고 끓기 시작하면 약한 불로 줄여주세요. (5) 자주 저어가며 냄비 바닥에 밥이 눌어붙지 않게 합니다. (6) 밥알이 풀어지면 찢은 닭고기를 넣고 한소끔 더 끓여주세요. (7) 소금과 후춧가루로 간을 맞춰 마무리합니다.
🔒 알찬 팁	· 더욱 풍부한 맛을 원한다면 치킨 스톡을 추가하세요. 치킨 스톡을 넣으면 깊고 감칠맛 나는 국물 맛을 느낄 수 있어요.

8월 집밥

반찬 없이 한 그릇으로 끝내는 레시피

무더위에 밥상 차리기도 벅찬 8월. 덥고 지치는 날에는 불 앞에 오래 서 있는 것조차 부담스러울 때가 많죠. 그래서 이번 달은 반찬 고민을 잠시 접어두고 한 그릇으로도 든든한 메뉴로 식단을 구성했어요. 특히 오이와 깻잎 같은 제철 채소는 아삭한 식감과 향긋한 향 덕분에 입맛도 살리고, 식비 절약에도 제격이에요. 치킨카레솥밥으로 한 끼 든든하게 시작하고, 남은 닭고기는 닭갈비덮밥으로 한 번 더 매콤하게! 가지는 덮밥, 튀김으로 두 번 활용하면 전혀 다른 느낌으로 즐길 수 있어요.

 이번 달 장보기 전략

주재료	부재료
☑ 닭 다리, 닭 다리살	☐ 대파
☐ 참치 캔	☐ 당근
☐ 어묵	☐ 쪽파
☐ 달걀	☐ 청양고추
☐ 양배추	☐ 버터
☐ 오이	☐ 김가루
☐ 깻잎	☐ 카레가루
☐ 가지	
☐ 김밥 김	
☐ 밀가루	
☐ 빵가루	

 알찬 집밥 포인트

1 참치오이비빔밥은 더운 날 딱 좋은 한 그릇
오이, 참치, 밥에 양념간장만 더하면 5분 만에 시원하고 든든하게 즐길 수 있어요.

2 치킨카레솥밥은 반찬 걱정 없는 메뉴
밥과 닭고기를 함께 익히고 카레가루만 더하면 한 끼가 간편하게 완성돼요.

3 가지는 여름철 제철 채소
구워도, 튀겨도 부드러운 식감이 살아나 다양한 요리에 활용하기 좋아요.

 가지는 지금부터 가격이 안정되기 시작해요. 광택이 있고 단단한 걸 골라보세요.

 깻잎은 줄기가 물에 살짝 담기도록 냉장 보관해보세요. 잎이 물에 닿지 않도록 하면 일주일 이상 신선하게 보관할 수 있어요.

 솥밥에 넣을 닭고기는 원하는 스타일에 따라 골라보세요. 비주얼을 살리고 싶다면 닭다리, 간편하게 즐기고 싶다면 닭 정육도 좋아요.

입맛 없을 땐 오이와 참치를 활용한 비빔밥도 한 끼 식사로 충분해요. 매번 반찬까지 챙기기 힘든 날에는 한 그릇으로 끝내는 현실적인 식단으로 덥고 지치는 여름 식사를 해결해보세요.

치킨카레솥밥

고소한 치킨카레솥밥은 부드러운 닭 다리살과 카레가 어우러져 깊은 감칠맛을 내요.
특별한 육수 없이도 간편하게 완성할 수 있어 누구나 쉽게 만들 수 있고 한 그릇 뚝딱 먹기 좋죠.

소요 시간	30min (불리는 시간 제외)	난이도	상	중	하

필수 재료	쌀 200ml, 닭 다리 2개, 당근 ⅛개, 쪽파 2줄기, 올리브 오일 1큰술, 소금 약간, 후춧가루 약간
양념	버터 15g, 다진 마늘 1큰술, 카레가루 2큰술

조리 과정	(1) 쌀은 깨끗이 씻어 30분간 불린 뒤 체에 밭쳐 물기를 빼줍니다. (2) 쪽파는 송송 썰고, 당근은 잘게 다져 준비합니다. (3) 닭 다리는 1cm 간격으로 칼집을 낸 뒤 올리브 오일 1큰술, 소금 약간, 후춧가루 약간을 넣어 버무린 다음 30분간 재웁니다. (4) 달군 팬에 닭 다리를 노릇하게 익혀 준비합니다. (5) 냄비에 버터 15g과 다진 마늘 1큰술을 넣고 볶아 향을 낸 뒤 불린 쌀을 넣고 30초간 볶아 줍니다. (6) 쌀이 코팅되면 물 220ml(쌀과 1:1.2~1.3 비율)와 카레가루 2큰술을 넣고 중강불에서 5분간 끓입니다. (7) 끓기 시작하면 한번 저어준 뒤 닭고기와 다진 당근을 올리고 뚜껑을 덮어 중약불에서 13분간 끓입니다. (8) 약한 불에서 5분 더 익힌 뒤 다진 쪽파를 올리고 불을 끈 상태로 5분간 뜸 들입니다.

알찬 팁	·닭 다리는 팬에 노릇하게 굽고, 솥밥을 끓이는 동안 2차로 천천히 속까지 익혀주세요. ·상황에 따라 닭 다리 대신 닭 정육(닭 다리살 또는 닭 가슴살)을 사용해도 좋습니다.

매콤가지덮밥

부드러운 가지에 매콤한 양념이 어우러진 가지 덮밥은
간편하면서도 깊은 맛을 느낄 수 있는 한 끼입니다.

소요 시간	20min	난이도	상	중	하
필수 재료	가지 1개, 밥 150g, 청양고추 1개, 양파 ½개, 부추 약간(선택), 식용유 약간, 참기름 약간 (선택), 통깨 약간(선택)				
양념장	간장 2큰술, 참치액 1큰술, 고춧가루 1큰술, 물 6큰술, 올리고당 1큰술, 설탕 ½큰술, 다진 마늘 ½큰술				
조리 과정	(1) 가지는 깨끗이 씻어 꼭지를 제거한 뒤 반으로 갈라 칼집을 넣고, 청양고추와 부추는 송송 썰고, 양파는 채 썰어 준비합니다. (2) 볼에 분량의 재료를 섞어 양념장을 만듭니다. (3) 달군 팬에 식용유를 두른 뒤 가지를 노릇노릇하게 굽습니다. (4) 구운 가지는 팬에서 꺼내고, 같은 팬에 양파와 양념장을 넣고 바글바글 끓여주세요. (5) 양념장이 끓기 시작하면 구운 가지와 청양고추를 넣고 1분간 조립니다. (6) 밥 위에 가지와 소스를 얹고, 기호에 따라 참기름과 통깨를 뿌려 마무리합니다. 이때 부추를 송송 썰어 올리면 색감과 향을 더할 수 있어요.				
🧤 알찬 팁	· 양념장이 끓기 시작하면 가지를 빨리 넣고 짧게 조려야 양념이 과하게 졸아들지 않고 가지도 촉 촉하게 유지돼요.				

매콤어묵김밥

고소한 어묵과 향긋한 깻잎이 만나 깔끔하면서도 중독성 있는 맛을 완성해요.
반찬이 필요 없는 든든한 한 줄 김밥, 간단하지만 풍미 깊은 특별한 한 끼를 완성해보세요.

소요 시간	20min	난이도	상	중	하

필수 재료	어묵 5장, 깻잎 4장, 김밥용 김 4장, 밥 2공기, 소금 1작은술, 참기름 1큰술+약간, 통깨 약간, 식용유 2큰술
양념	간장 2큰술, 고춧가루 1큰술, 다진 마늘 1큰술, 물엿 2큰술, 맛술 1큰술, 물 3큰술
조리 과정	(1) 어묵은 얇게 채 썰고, 깻잎은 꼭지를 떼어 반으로 자릅니다. (2) 팬에 식용유 2큰술을 두르고 어묵을 가볍게 볶아줍니다. (3) 준비한 양념 재료를 모두 넣고 볶아 감칠맛을 더합니다. (4) 밥에 소금 1작은술, 참기름 1큰술, 통깨 약간을 넣고 골고루 섞어 밑간합니다. (5) 김밥용 김 위에 밥을 ⅔ 지점까지 펼쳐준 뒤, 깻잎과 볶은 어묵을 올립니다. (6) 돌돌 말아준 뒤 겉면에 참기름을 바르고 통깨를 뿌려 마무리합니다. 총 4줄을 만들어 주세요.
🔒 알찬 팁	·김 위에 밥을 얇게 펼친 뒤 가위로 반으로 잘라주면 손쉽게 김밥을 만들 수 있어요. ·김밥을 말 때 끝부분에 물을 묻히거나 밥알 몇 개를 붙여주면 김이 잘 붙어 풀어지지 않아요.

깻잎닭갈비덮밥

남녀노소 누구나 좋아하는 닭갈비를 한 그릇 요리로 즐겨보세요.
제철 깻잎을 더하면 매콤한 맛과 깻잎 향이 더해져 더욱 맛있어요.

소요 시간	20min	난이도	상	중	하

필수 재료	닭 다리살 600g, 양배추 ⅓통, 대파 ½대, 깻잎 10장, 식용유 약간

양념장	고추장 3큰술, 고춧가루 2큰술, 간장 2큰술, 설탕 2큰술, 맛술 2큰술, 물엿 1큰술, 다진 마늘 1큰술, 카레가루 ½큰술, 후춧가루 약간

| 조리 과정 | (1) 깻잎은 채 썰고, 대파는 반으로 가른 뒤 3cm 정도 크기로 썰고, 양배추와 닭고기는 한입 크기로 썰어 준비합니다.
(2) 닭고기에 분량의 양념장 재료를 넣고 고루 버무려주세요.
(3) 팬에 기름을 두르고 양념한 닭을 먼저 익힌 뒤 닭이 익으면 양배추와 대파를 넣고 함께 볶아주세요.
(4) 양배추의 숨이 죽으면 불을 끄고 깻잎을 올려 마무리합니다. |
|---|---|

| 알찬 팁 | · 닭고기 특유의 냄새가 걱정된다면, 우유 ½컵에 10분간 담갔다가 사용해보세요.
· 닭 다리살을 양념에 재워 30분 이상 냉장 숙성하면 더욱 맛있게 먹을 수 있어요. |
|---|---|

참치오이비빔밥

바쁜 날에도 빠르게 만들 수 있는 참치오이비빔밥. 고소한 참치와 아삭한 오이가 어우러져
한 그릇 뚝딱 먹기 좋고, 상큼한 오이를 더해 더욱 신선하고 개운한 맛을 내요.

소요 시간	10min	난이도	상	중	하

필수 재료	밥 150g, 오이 1개, 참치 캔 100g, 달걀 1개, 식용유 약간, 조미 김가루 약간(취향껏)
양념장	간장 1큰술, 매실청 ½큰술, 참기름 1큰술, 통깨 약간
조리 과정	(1) 오이는 반으로 잘라 1cm 두께로 반달썰기 하고, 참치 캔은 체에 밭쳐 기름을 최대한 빼주세요. (2) 달걀은 식용유 두른 팬에 프라이해둡니다. (3) 분량의 재료를 섞어 양념장을 만듭니다. (4) 그릇에 밥, 참치, 오이를 담고 양념장을 골고루 뿌립니다. (5) 취향에 따라 조미 김가루와 달걀 프라이를 올려 마무리합니다.

알찬 팁

· 참치는 체에 밭친 뒤 기름을 최대한 빼면 담백한 맛이 살아나요.
· 오이 대신 부드러운 아보카도를 곁들여도 잘 어울립니다.

가지튀김

겉은 바삭, 속은 촉촉! 바삭한 빵가루를 입혀 튀긴 가지튀김은 별다른 양념 없이도 고소한 맛이 살아 있어요. 물컹한 식감 없이 바삭하게 즐길 수 있어 간단한 반찬이나 간식으로도 제격이죠.

소요 시간	25min	난이도	상	중	하

필수 재료	가지 2개, 밀가루 ½컵, 달걀 2개, 빵가루 3컵, 소금 약간, 식용유 적당량

조리 과정	(1) 깨끗이 씻은 가지는 2~3cm 두께로 어슷 썰고, 소금을 약간 뿌려 살짝 절여주세요.
	(2) 절인 가지는 키친타월로 물기를 제거한 뒤 밀가루, 달걀, 빵가루 순서로 튀김옷을 입혀 줍니다.
	(3) 팬에 기름을 넉넉히 두르고 가지를 노릇하게 튀기듯 구워주세요.
	(4) 기호에 따라 케첩이나 칠리소스를 곁들이면 더욱 맛있게 즐길 수 있어요.

알찬 팁

· 가지는 소금에 살짝 절여야 수분이 빠지면서 쫄깃한 식감이 살아나요.
· 튀김옷은 빵가루를 꾹꾹 눌러가며 입혀야 바삭하게 잘 붙어요.

9월 집밥

가을맞이 제철 구황작물 요리

9월은 여름에서 가을로 넘어가는 시기. 감자, 고구마, 단호박, 밤처럼 구황작물이 하나둘 제철을 맞이하는 달이에요. 이런 재료들은 한번 사두면 장기 보관 가능하고 식비 부담도 줄여줘요. 그래서 이번 달은 구황작물을 다양한 요리에 알차게 활용해보자는 마음으로 식단을 구성했어요. 돼지감자는 얼큰한 짜글이로, 연근은 달큰한 갈비찜으로. 같은 돼지고기 요리라도 전혀 다른 매력을 느낄 수 있어요. 단호박은 푹 끓여 부드러운 카레로, 밤은 맛탕으로 달콤하게 마무리해보세요.

 ## 이번 달 장보기 전략

주재료	부재료
☑ 단호박	☐ 대파
☐ 밤	☐ 애호박
☐ 양파	☐ 당근
☐ 돼지고기	☐ 청양고추
☐ 돼지갈비	☐ 우유
☐ 감자	☐ 전분
☐ 고구마	☐ 모차렐라 치즈
☐ 연근	☐ 버터
☐ 잡곡	☐ 카레가루

 ## 알찬 집밥 포인트

1 감자는 감칠맛을 살려주는 포인트
자박하게 끓이면 전분이 자연스레 풀려 국물이 걸쭉하고 깊은 맛이 나요.

2 고구마, 찌기만 했다면 이번엔 호떡으로!
으깬 고구마에 시나몬가루나 견과류, 치즈를 더해 호떡처럼 구워보세요.

3 남은 감자는 웨지감자로 재탄생!
시즈닝만 더해 오븐이나 에어프라이어에 구우면 간단한 간식이나 술안주로도 딱이에요.

 감자는 서늘하고 통풍이 잘되는 곳에 종이봉투에 넣어 보관하세요. 사과 한 알을 함께 두면 싹이 나는 걸 방지할 수 있어요.

 고구마는 냉장 보관 금지! 신문지로 감싸서 상온에 보관하거나, 박스에 넣어 직사광선을 피해두면 오래갑니다.

 밤은 물에 담갔을 때 둥둥 뜨는 건 내부가 비었거나 벌레 먹었을 확률이 높으니 과감하게 골라내세요.

간식이 당기는 날엔 고구마호떡이나 웨지감자도 인기 만점이에요. 이번 달도 제철 식재료를 똑똑하게 활용하면 알뜰하고 든든한 한 달이 될 거예요.

돼지감자짜글이

칼칼하고 구수한 돼지감자짜글이에 감자보다 더 고소한 돼지감자를 듬뿍 넣어 깊은 맛을 살렸어요.
자작한 국물에 밥까지 쓱쓱 비벼 먹으면 든든한 한 끼 완성!

소요 시간	30min	난이도	상	중	하

필수 재료	돼지고기 앞다리 살 200g, 감자 2~3개, 양파 ½개, 대파 ½대, 애호박 ¼개, 청양고추 1개, 식용유 약간
양념장	고춧가루 1큰술, 고추장 2큰술, 간장 2큰술, 다진 마늘 1큰술, 맛술 1큰술, 설탕 ½큰술
조리 과정	⑴ 감자, 양파, 애호박은 한입 크기로 썰고 대파, 청양고추는 송송 썰어 준비합니다. ⑵ 냄비에 식용유를 약간 두르고 돼지고기를 중간 불에서 볶아줍니다. ⑶ 고기가 어느 정도 익으면 분량의 재료로 만든 양념장을 넣고 고루 볶아줍니다. ⑷ 물 300ml를 붓고 감자, 양파, 애호박을 넣어 7분 정도 끓여주세요. ⑸ 국물이 적당히 졸아들면 대파와 청양고추를 넣고 3분 더 끓여 마무리합니다.

알찬 팁

· 감자가 으깨지기 직전까지 푹 익히면 고기와 어우러져 더 깊은 맛을 낼 수 있어요.
· 물 대신 쌀뜨물을 활용하면 국물이 더 부드럽고 구수한 풍미를 더해줘요.

연근돼지갈비찜

연근돼지갈비찜은 부드러운 돼지갈비와 쫀득한 연근이 어우러져 먹는 맛이 있어요.

달큰하고 깊은 맛의 양념이 속까지 배어 있어 밥과 함께 먹기 딱 좋죠.

특별한 재료 없이도 근사한 집밥을 완성할 수 있다는 것도 장점이에요.

소요 시간	90min	난이도	상	중	하

필수 재료	돼지갈비 800g, 연근 200g, 당근 ½개, 감자 2개, 양파 ½개, 대파 1대, 청양고추 1개, 통깨 약간
양념장	간장 5큰술, 굴소스 1큰술, 설탕 1큰술, 물엿 2큰술, 다진 마늘 1큰술, 맛술 2큰술, 후춧가루 약간, 참기름 1큰술
조리 과정	(1) 갈비는 찬물에 30분간 담가 핏물을 빼주세요. 끓는 물에 돼지갈비를 넣고 5분간 데친 뒤 찬물에 헹궈 불순물을 제거합니다. (2) 연근은 1cm 두께로 썰고, 당근, 양파, 감자는 큼직하게 썰어주세요. (3) 대파는 어슷 썰고, 청양고추는 송송 썰어 준비합니다. (4) 냄비에 돼지갈비, 물 600ml, 분량의 재료로 만들어둔 양념장을 넣어 중약불에서 20분간 끓여주세요. (5) 연근, 당근, 감자를 넣고 20분간 더 끓인 뒤 재료가 모두 익으면 양파, 대파, 청양고추를 넣고 10분 더 졸입니다. (6) 국물이 자작하게 졸아들면 불을 끄고 통깨를 뿌려 마무리합니다.
🔒 알찬 팁	· 돼지갈비는 핏물을 제거한 뒤 끓는 물에 한번 데치면 잡내를 줄일 수 있어요. 매운맛을 추가하고 싶다면 고춧가루 1큰술을 넣어도 좋아요.

단호박영양밥

단호박의 자연스러운 단맛과 잡곡의 풍부한 영양이 어우러져 더욱 맛있고
건강하게 즐길 수 있는 메뉴입니다. 가족과 함께 푸짐한 한 끼로 즐겨보세요.

소요 시간	70min (불리고 밥 짓는 시간 제외)	난이도		상 중 하

필수 재료	단호박 1개, 찹쌀 2컵, 멥쌀 1컵, 잡곡 ½컵, 검은콩 ½컵, 팥 ½컵
양념	팥 삶은 물 3컵, 소금 1작은술

조리 과정

(1) 찹쌀, 멥쌀, 잡곡은 깨끗이 씻은 뒤 30분 이상 불리고, 채반에 받쳐 물기를 빼주세요.

(2) 검은콩과 팥은 각각 6시간 정도 물에 불려주세요.

(3) 팥은 냄비에 물을 잠길 정도로 붓고 강한 불에서 5분간 1차로 삶은 뒤, 삶은 물은 버리세요.

(4) 삶은 팥은 다시 냄비에 물 600ml를 넣고 끓기 시작하면 뚜껑을 덮고 중약불로 15분간 끓여주세요(2차로 삶은 팥의 물은 버리지 않고 밥을 지을 때 활용합니다).

(5) 내솥에 불린 찹쌀, 멥쌀, 잡곡을 넣고 불린 검은콩과 삶은 팥을 추가한 뒤 잘 섞어주세요.

(6) 팥 삶은 물에 물을 더 추가해 총 3컵으로 맞추고, 소금 1작은술을 섞어 밑간해주세요.

(7) 잡곡 모드로 밥을 지어주세요.

(8) 단호박은 깨끗이 씻은 뒤 전자레인지에 2~3분 돌리고, 윗부분을 잘라 뚜껑을 만들어주세요.

(9) 숟가락으로 단호박 씨를 제거한 뒤 ⑦의 잡곡밥으로 속을 채워주세요.

(10) 찜기에 단호박을 넣고 뚜껑을 덮은 뒤 단호박이 익을 때까지 20분 이상 쪄주세요.

(11) 단호박이 익으면 먹기 좋게 잘라 마무리합니다.

알찬 팁

· 잡곡은 기장, 수수쌀 등 자유롭게 준비하고, 부재료로 연근이나 대추를 추가해도 좋습니다.
· 팥에 있는 사포닌이 위장을 자극할 수 있으므로, 불린 후 데치거나 삶으면 소화가 더 잘되고 맛도 좋아져요.

밤맛탕

바삭한 겉과 포슬포슬한 속이 매력적인 밤맛탕. 달콤한 시럽을 넣어 한입 먹으면 가을 분위기가 절로 느껴져요. 간단한 재료로 만들 수 있어 가을 간식으로 딱 좋죠.

소요 시간	25min	난이도	상	중	하

필수 재료	생밤 15~20톨, 식용유 2큰술
양념	설탕 2큰술, 물 3큰술, 물엿 1큰술, 통깨 약간

조리 과정	(1) 생밤은 껍질을 벗긴 뒤 찜기에 넣고 15분간 익혀주세요.
	(2) 팬에 식용유 2큰술을 두르고 약한 불에서 밤을 노릇하게 구워 바삭한 식감을 더해주세요.
	(3) 냄비에 설탕 2큰술, 물 3큰술을 넣고 약한 불에서 천천히 끓여주세요.
	(4) 설탕이 녹아 갈색이 돌면 물엿 1큰술과 ②의 밤을 넣고 빠르게 섞어 줍니다.
	(5) 시럽이 골고루 묻으면 불을 끄고 통깨를 솔솔 뿌려 마무리합니다.

알찬 팁

· 시럽을 만들 때 설탕이 타지 않도록 약한 불에서 천천히 녹이는 것이 중요해요.
· 밤 대신 고구마를 활용하면 고구마맛탕을 만들 수 있어요.

고구마호떡

겉은 바삭하고 속은 달콤한 고구마호떡. 고구마의 자연스러운 단맛 덕분에 속이 든든하지만 부담 없이 즐길 수 있어요. 따뜻할 때 아이들과 간식으로 즐겨보세요.

소요 시간	30min	난이도	상	중	하

필수 재료	고구마 200g(2~3개 분량), 전분 4큰술, 우유 2큰술, 모차렐라 치즈 5큰술, 버터 1조각, 견과류 또는 꿀 약간(선택)

조리 과정	⑴ 고구마는 찜기에 20분 정도 찐 뒤 뜨거울 때 곱게 으깨놓습니다.
	⑵ ①에 전분, 우유를 넣고 부드럽게 반죽합니다.
	⑶ 고구마 반죽을 동그랗게 빚은 뒤 중간에 모차렐라 치즈를 넣어 호떡 형태를 만들어주세요.
	⑷ 중약불로 달군 팬에 버터 1조각을 녹인 뒤 고구마 반죽을 올리고 앞뒤로 노릇하게 굽습니다.
	⑸ 바삭하게 구운 호떡을 접시에 담고, 기호에 따라 견과류나 꿀을 곁들입니다.

알찬 팁	·반죽이 너무 질면 전분을 조금씩 추가해가며 조절하면 좋아요.
	· 바삭한 식감을 더하고 싶다면 물에 적신 라이스페이퍼로 고구마 반죽을 감싼 뒤 노릇하게 구워도 좋아요.

웨지감자

겉은 바삭하고 속은 포슬포슬! 오븐이나 에어프라이어로 간편하게 만드는 웨지감자예요.
감자의 고소한 풍미에 간단한 양념만 더해도 정말 맛있죠. 아이들 간식이나
맥주 안주로도 잘 어울리니, 집에서 쉽게 만들어보세요.

소요 시간	30min	난이도	상	중	하
필수 재료	감자 3개(약 500g)				
양념	올리브 오일 2큰술, 카레가루 ½작은술, 파슬리가루 약간, 소금 약간				
조리 과정	⑴ 감자는 깨끗이 씻어 반으로 가른 뒤 웨지 모양으로 잘라주세요. 껍질은 벗겨도 좋고, 그대로 사용해도 괜찮아요. ⑵ 비닐 팩이나 밀폐 용기에 감자를 넣고 올리브 오일 2큰술, 카레가루 ½작은술, 파슬리가루 약간, 소금 약간을 넣어 골고루 버무려주세요. ⑶ 에어프라이어에 넣고 200℃에서 15분간 굽고, 한번 뒤집어 10분 더 구워 노릇하게 완성합니다.				

알찬 팁

· 감자를 자른 뒤 찬물에 30분 정도 담가 전분을 제거하면 바삭하게 만들 수 있어요.
· 웨지감자의 풍미를 배가하고 싶다면, 취향에 따라 파르메산 치즈가루나 녹인 버터를 살짝 곁들여보세요. 더 고소하고 깊은 맛을 느낄 수 있어요.

10월 집밥

속까지 든든하게 채우는 환절기 밥상

아침저녁으로 공기가 달라지는 환절기에는 속을 따뜻하게, 입맛은 든든하게 챙겨야 하죠. 이번 달은 속까지 든든하게 채워주는 한 그릇 요리로 식단을 구성해봤어요. 특히 가을은 무가 1년 중 가장 맛있는 시기니 무생채비빔밥으로 개운하게 즐기고 남은 무는 무피클로 만들어두면 활용도가 높아요. 콩나물은 가성비 좋은 식재료답게 따뜻한 국밥으로 한 번, 비빔밥으로 또 한 번! 같은 재료도 조리법에 따라 전혀 다른 맛을 낼 수 있어요.

이번 달 장보기 전략

주재료	부재료
☑ 다진 소고기	☐ 오이
☐ 오징어	☐ 대파
☐ 만두	☐ 양파
☐ 무	☐ 당근
☐ 양파	☐ 월계수 잎
☐ 알배추	
☐ 콩나물	
☐ 느타리버섯	
☐ 당면	

알찬 집밥 포인트

1 무는 생채로도, 국물 요리로도 활용도 최고!
채 썰어 양념하면 무생채, 큼직하게 썰면 시원한 국물의 감칠맛을 더해줘요.

2 콩나물은 부담 없는 알뜰 식재료!
데쳐서 비빔밥에 넣거나, 오징어와 함께 국밥으로 끓이면 든든한 한 그릇이 완성돼요.

3 만두는 냉동실 속 든든한 비상식량!
전골에 넣고 푹 끓이면 육수 맛이 깊어지고 식감도 훨씬 좋아져요.

콩나물은 찬물에 담가 냉장 보관하면 신선함이 더 오래 유지되고 남은 건 콩나물무침으로 활용해도 좋아요.

알배추는 키친타월로 감싼 뒤 랩으로 싸서 냉장 보관하면 쉽게 시들지 않아요.

명절에 남은 만두와 잡채가 있다면 전골이나 덮밥으로 간단하게 활용해보세요.

혹시 명절에 남은 잡채나 만두가 있다면? 잡채는 매콤한 덮밥으로, 만두는 얼큰한 전골로! 냉장고 속 재료도 새로운 요리로 다시 태어날 수 있답니다. 이번 한 주도 재료 낭비 없이 속까지 든든한 집밥으로 알차게 시작해보세요.

무생채무침

환절기

김치보다 가볍고 겉절이보다 부담 없는 무생채는 아삭한 무에 양념이 배어
감칠맛이 살아 있는 밑반찬이에요. 달걀 프라이와 밥을 곁들여 간단한 비빔밥으로도 먹어보세요.

소요 시간	40min	난이도	상	중	하

필수 재료	무 700g, 소금 1큰술, 설탕 2큰술, 통깨 약간(선택), 참기름 약간(선택)

양념	고춧가루 4큰술, 새우젓 2큰술, 다진 마늘 2큰술, 매실액 2큰술, 멸치액젓 1큰술

조리 과정	(1) 무는 깨끗이 씻어 껍질을 벗긴 뒤 가늘게 채 썰어주세요.
	(2) 볼에 썬 무를 넣고 소금 1큰술, 설탕 2큰술을 뿌려 30분간 절여줍니다.
	(3) 절인 무는 물에 씻어내지 말고 채반에 담아 살짝 눌러 물기를 제거합니다.
	(4) 절인 무에 고춧가루 4큰술을 넣고 잘 섞어 색을 고르게 입혀주세요.
	(5) 새우젓 2큰술, 다진 마늘 2큰술, 매실액 2큰술, 멸치액젓 1큰술을 넣어 골고루 버무립니다.
	(6) 기호에 따라 참기름과 통깨를 뿌립니다.

알찬 팁	· 기호에 따라 식초나 설탕을 추가해 새콤달콤한 맛을 조절하세요.
	· 넉넉히 만들어 밥과 함께 비빔밥으로도 즐겨보세요.

얼큰만두전골

얼큰한 육수에 만두와 채소를 듬뿍 넣어 끓인 만두전골! 입맛 없을 땐 칼칼하고
시원한 국물 한 그릇이 딱이에요. 오늘 저녁, 간단하지만 든든하게 한 끼 어떠세요?

소요 시간	20min	난이도	상	중	하

필수 재료	냉동 만두 5~6개, 알배추 5장, 대파 ½대, 양파 ½개, 팽이버섯 또는 느타리버섯 1줌, 홍고추 1개(선택), 쑥갓 약간(선택)

양념 & 소스	고춧가루 1큰술, 다진 마늘 ½큰술, 국간장 1큰술, 참치액 2큰술, 후춧가루 약간

조리 과정	(1) 알배추는 한입 크기로 썰고, 버섯은 먹기 좋은 크기로 준비하고, 쑥갓도 깨끗이 씻어 물기를 털어둡니다.
	(2) 양파는 채 썰고, 홍고추(선택)와 대파는 어슷하게 썰어 준비합니다.
	(3) 볼에 분량의 재료를 넣어 양념장을 만들어주세요.
	(4) 냄비에 만두와 손질한 채소를 넣고, 물 600ml와 양념장을 부어 끓입니다.
	(5) 채소가 충분히 익고 국물 맛이 우러나면 완성입니다.
	tip. 취향에 따라 떡국 떡이나 우동 면을 넣어도 좋아요.

알찬 팁	· 멸치 국물 팩이나 분말·코인 육수를 활용하면 국물 맛이 더 깊어져요.
	· 만두는 김치만두, 고기만두 모두 잘 어울리는데, 냉동실에 명절 때 빚은 만두가 남아 있다면 활용 해보세요.

오징어콩나물국밥

속이 개운해지는 뜨끈한 오징어콩나물국밥 한 그릇이면 든든한 한 끼가 완성돼요.
특히 오징어의 감칠맛과 콩나물의 시원함이 어우러진 국물이 아침 해장국으로도,
저녁 간편식으로도 딱 좋은 메뉴입니다.

소요 시간	25min	난이도	상	중	하

필수 재료	오징어 1마리, 콩나물 200g, 대파 1대, 청양고추 1개(선택), 밥 적당량

양념	다진 마늘 1큰술, 국간장 1큰술, 새우젓 1큰술, 소금 약간

조리 과정	(1) 대파와 청양고추는 송송 썰어 준비합니다.
	(2) 냄비에 물 800ml를 붓고 끓기 시작하면 손질한 오징어를 넣어 1~2분간 살짝 데친 뒤 건져냅니다.
	(3) 데친 오징어는 한 김 식힌 뒤 잘게 다져주세요.
	(4) 오징어를 데친 물에 분량의 양념을 넣고 다시 한번 끓여줍니다.
	(5) 국물이 끓기 시작하면 콩나물을 넣고 뚜껑을 연 채 3~4분간 끓여주세요.
	(6) 그릇에 밥을 담고 국물과 콩나물, 오징어, 대파, 청양고추를 넉넉히 올려 국밥처럼 즐기세요.

알찬 팁	· 기호에 따라 고춧가루나 달걀을 얹어 드세요.
	· 오징어는 너무 오래 익히면 질겨지므로 짧게 데쳐 사용하는 게 좋아요.
	· 멸치 국물 팩이나 분말·코인 육수를 활용하면 국물 맛이 더 깊어져요.

매콤잡채덮밥

매콤한 양념에 당면과 채소를 더해 입맛 당기는 덮밥 한 그릇을 완성해보세요.
손이 많이 가는 전통 잡채 대신 간단하게 끓이는 매콤잡채는 한 끼 식사로도 손색없어요.

소요 시간	25min (불리는 시간 제외)	난이도	상	중	하

필수 재료	당면 100g, 양파 ½개, 당근 ⅓개, 느타리버섯 200g, 밥 200g, 고춧가루 ½큰술, 참기름 2~3큰술, 통깨 약간
양념장	간장 3큰술, 설탕 1큰술, 다진 마늘 1큰술, 후춧가루 약간
조리 과정	(1) 당면은 찬물에 30분 이상 충분히 불려주세요. (2) 당근과 양파는 채 썰고, 버섯은 결대로 찢어 준비합니다. (3) 볼에 분량의 재료를 넣고 섞어 양념장을 만들어주세요. (4) 팬에 물 300ml를 붓고 끓기 시작하면 불린 당면과 양념장을 넣고 끓여주세요. (5) 물이 반쯤 날아가면 손질한 채소와 고춧가루 ½큰술, 참기름 2~3큰술을 넣고 중약불에서 섞어가며 익혀주세요. (6) 물이 거의 졸아들면 불을 끄고 통깨를 뿌려 마무리합니다. (7) 따뜻한 밥 위에 매콤잡채를 얹어 덮밥으로 완성합니다.

알찬 팁

· 당면은 너무 오래 끓이면 쉽게 퍼지니, 꼭 불려서 짧게 조리하는 게 포인트예요.
· 쪽파나 부추를 넣으면 향도 살고, 비주얼도 더 풍성해져요.

콩나물비빔밥

찬밥, 그냥 데우지 말고 콩나물과 함께 쪄보세요. 촉촉하고 고슬고슬한 밥에 감칠맛 나는
볶은 소고기와 양념장을 더하면 한 그릇 뚝딱할 수 있는 비빔밥이 완성됩니다.

소요 시간	20min	난이도	상	중	하

필수 재료	밥 450g(2공기), 콩나물 200g, 다진 소고기 150g, 간장 2큰술, 설탕 ½큰술, 다진 마늘 1큰술, 맛술 1큰술, 참기름 ½큰술
양념장	간장 3큰술, 고춧가루 ½큰술, 다진 마늘 ½큰술, 참기름 1큰술, 통깨 약간
조리 과정	(1) 냄비에 물 300ml를 넣고 찜기를 얹어주세요. (2) 물이 끓기 시작하면 찜기 위에 찬밥을 깔고 그 위에 콩나물을 올려 뚜껑을 덮은 채 5분간 찝니다. (3) ②가 완성되는 동안 소고기에 간장 2큰술, 설탕 ½큰술, 다진 마늘 1큰술, 맛술 1큰술, 참기름 ½큰술을 넣고 버무린 뒤, 팬에서 바싹 볶아주세요. (4) 분량의 재료를 섞어 양념장을 만듭니다. (5) 그릇에 밥과 콩나물을 옮겨 담고 볶은 고기와 양념장을 올려 완성합니다.

알찬 팁

· 콩나물을 삶을 때는 뚜껑을 덮은 채 끝까지 익혀야 해요. 중간에 뚜껑을 열면 콩나물에서 올라오는 수증기가 빠져나가 비린내가 날 수 있습니다.

오이무피클

아삭아삭 새콤달콤한 무피클은 느끼한 음식과 환상 궁합을 자랑하는 상큼한 반찬이에요.
간단한 재료로 쉽게 만들어 오래 두고 즐겨보세요.

소요 시간	15min	난이도	상	중	하

필수 재료	무 500g, 오이 1개, 당근 ⅓개(선택), 월계수 잎 2장
양념	물 400ml, 설탕 200g, 식초 200ml, 소금 ½큰술

조리 과정	⑴ 무는 깍둑 썰고, 오이와 당근(선택)은 1~2cm 두께로 썰어 준비합니다.
	⑵ 냄비에 물 400ml, 설탕 200g, 소금 ½큰술, 월계수 잎을 넣고 5분 정도 끓입니다.
	⑶ 불을 끄고 마지막에 식초 200ml를 넣어 잘 섞어줍니다.
	⑷ 피클물이 식기 전에 썰어둔 재료에 부어줍니다.
	⑸ 상온에서 2~3시간 식힌 뒤 냉장고에 넣고 하루 이상 숙성해주세요.

알찬 팁

· 뜨거운 피클물을 부어야 무와 오이의 아삭한 식감이 유지돼요.
· 월계수 잎 대신 통후추나 레몬 슬라이스를 넣으면 색다른 풍미를 즐길 수 있어요.
· 기호에 따라 식초나 설탕 양을 조절해 취향에 맞게 만들어 드세요.

11월 집밥

바다 향을 가득 품은 겨울철 요리

겨울이 시작되는 문턱인 11월에는 겨울 바다에서 건져 올린 재료가 가장 맛있어요. 그래서 이번 달은 제철 해산물로 실속 있게 즐길 수 있는 메뉴로 식단을 구성해봤어요. 제철 굴은 무채와 함께 솥밥으로, 오징어는 매콤하게 볶아 한 끼 반찬으로. 해산물 하나만 잘 써도 속 든든한 밥상이 완성돼요. 입맛이 없는 날엔 양념꼬막을 듬뿍 넣은 비빔밥, 쌀쌀한 날엔 각종 해산물이 어우러진 해물칼국수처럼 국물 있는 메뉴로 따뜻하게 챙겨보세요.

 이번 달 장보기 전략

주재료
- ☑ 무
- ☐ 백합
- ☐ 굴
- ☐ 꼬막
- ☐ 오징어
- ☐ 해물 믹스
- ☐ 양배추
- ☐ 부침가루
- ☐ 칼국수 면
- ☐ 우동 면

부재료
- ☐ 애호박
- ☐ 양파
- ☐ 당근
- ☐ 대파
- ☐ 청경채
- ☐ 부추
- ☐ 쪽파

 알찬 집밥 포인트

1 오징어볶음은 양념을 넉넉하게!
볶고 남은 양념에 밥만 비벼도 훌륭한 덮밥이 돼요.

2 해물 믹스는 냉장고 파먹기 재료로 딱!
양배추 1줌만 더해 부쳐내면 전으로도, 볶음 요리로도 가능해요.

3 해물칼국수는 우려난 국물이 맛의 핵심!
조미료 없이도 깊은 맛을 내고 싶다면 다양한 해물을 푹 우려내보세요.

 껍질 없는 생굴을 구입할 땐 투명하고 통통하며 비린내가 없는 걸 고르세요.

 꼬막은 껍데기가 닫혀 있는 게 신선하고, 삶기 전 소금물에 충분히 해감해두면 비린내 없이 맛있어요.

 해물 믹스는 할인 행사할 때 구입해 냉동 보관해두면 볶음우동이나 부침 요리에 요긴해요.

남은 해물은 볶음우동이나 양배추전으로도 다양하게 활용 가능하니 이번 달은 제철 해산물로 겨울 밥상을 준비해보세요. 장바구니 부담이 줄어, 만족스러운 한 달이 될 거예요.

굴무채솥밥

무의 담백함과 굴의 감칠맛이 그대로 살아 있는 솥밥입니다.
따뜻한 밥에 감칠맛 나는 양념장을 곁들여 특별한 한 끼를 준비해보세요.

소요 시간	40min (쌀 불리는 시간 제외)	난이도	상	중	하
필수 재료	쌀 200ml, 무 100g, 굴 150g, 쪽파 2줄기, 굵은소금 1큰술				
양념장	간장 3큰술, 매실청 1큰술, 고춧가루 ½큰술, 다진 마늘 ½큰술, 참기름 1큰술, 다진 대파 1큰술, 통깨 1큰술				
조리 과정	(1) 굴은 굵은소금 1큰술을 넣고 가볍게 휘저어 씻은 뒤 흐르는 물에 헹궈 물기를 뺍니다. (2) 쌀은 깨끗이 씻어 30분 이상 불려두고, 무는 채 썰고 쪽파는 송송 썰어 준비합니다. (3) 냄비에 쌀과 물을 1:0.9 비율(쌀 200ml+물 180ml)로 넣고 끓기 시작하면 채 썬 무를 올린 뒤 중약불에서 뚜껑을 덮고 13분간 끓입니다. (4) 손질한 굴을 넣고 약한 불에서 5분 더 익힌 뒤, 쪽파를 넣은 다음 불을 끄고 5분간 뜸 들입니다. (5) 분량의 재료로 양념장을 만든 뒤 완성된 솥밥에 곁들여 냅니다.				

알찬 팁

· 굴의 크기와 양에 따라 익히는 시간을 조절하세요.
· 무에서 자연스럽게 수분이 나오므로, 평소보다 물 양을 조금 줄여야 밥이 질어지지 않아요.

오징어볶음

매콤하고 감칠맛 나는 오징어볶음 레시피를 소개해드릴게요. 강한 불에서 빠르게 볶아 오징어의 쫄깃함을 살려주는 게 핵심이죠. 간단한 재료로 든든한 한 끼를 완성해보세요.

소요 시간	20min	난이도	상	중	하

필수 재료	오징어 1마리, 양파 ½개, 당근 ¼개, 대파 ½대, 식용유 약간, 통깨 약간(선택), 참기름 약간(선택)
양념장	고춧가루 1큰술, 고추장 1큰술, 간장 2큰술, 다진 마늘 ½큰술, 설탕 ½큰술, 물엿 1큰술, 후춧가루 약간
조리 과정	(1) 손질한 오징어는 먹기 좋은 크기로 썰어 준비합니다. (2) 양파와 당근은 채 썰고, 대파는 어슷 썰어주세요. (3) 분량의 재료로 양념장을 만들어둡니다. (4) 달군 팬에 식용유를 두르고 대파를 먼저 넣어 볶아 향을 냅니다. (5) ④에 양파와 당근을 넣어 볶다가 오징어와 양념장을 넣고 강한 불에서 빠르게 볶습니다. (6) 취향에 따라 통깨나 참기름을 살짝 뿌려 마무리하세요.

알찬 팁

· 오징어는 오래 익히면 질겨질 수 있으니 1~2분 정도만 볶아주세요.
· 기호에 따라 카레가루를 ½큰술 넣으면 감칠맛을 살리고 잡내를 잡아줘요.

양념꼬막비빔밥

11월부터 3월까지 제철인 꼬막과 갖가지 양념을 넣어 비빔밥으로 만들어보세요.
매콤하면서도 달콤한 양념장이 겨울철 입맛을 살리는 별미로 제격이에요.

소요 시간	40min	난이도	상	중	하
필수 재료	꼬막1kg, 밥200g, 쪽파 5~6줄기, 부추 30g, 홍고추1개(선택), 굵은소금 2큰술				
양념장	고춧가루 2큰술, 간장 3큰술, 다진 마늘 ½큰술, 매실액 1큰술, 설탕 ½큰술, 통깨 1큰술				
조리 과정	(1) 쪽파와 부추는 송송 썰고, 홍고추는 잘게 다져주세요.				

조리 과정

(1) 쪽파와 부추는 송송 썰고, 홍고추는 잘게 다져주세요.

(2) 볼에 물 1L와 굵은소금 2큰술을 넣고 꼬막을 최소 30분 이상 해감해주세요.

(3) 꼬막은 흐르는 물에 손으로 바락바락 문질러가며 씻고, 맑은 물이 나올 때까지 계속 헹궈주세요.

(4) 냄비에 물2L를 넣고 끓기 시작하면 찬물 1컵으로 온도를 살짝 낮춰주세요. 그런 다음 꼬막을 넣고 강한 불에서 끓여주세요.

(5) 주걱으로 한 방향으로 젓다가 꼬막이 하나둘 입을 벌리기 시작하면 불을 꺼주세요.

(6) 삶은 꼬막은 껍질과 살을 분리해주세요.

(7) 분량의 양념장 재료와 준비한 쪽파, 부추, 홍고추를 섞어주세요.

(8) 밥 200g에 꼬막 살을 취향껏 넣고, 양념장으로 간을 맞추어 비벼주세요.

알찬 팁

· 꼬막을 해감할 땐 스테인리스 스틸 볼에 뚜껑을 덮어 어두운 환경을 만들어주면 해감이 더 잘돼요.
· 꼬막을 삶을 때 찬물로 온도를 낮춰주면 꼬막의 식감이 더욱 쫄깃하고 맛있게 살아나요. 너무 오래 삶으면 식감이 질겨지고 단맛이 빠져나갈 수 있으니 주의합니다.

해물칼국수

시원한 국물이 생각날 땐 해물 듬뿍 넣고 끓인 칼국수가 제격이에요.
깔끔하고 깊은 국물 맛 덕분에 입맛 없을 때 후루룩 들어가고, 제철 해물만 잘 준비하면
별다른 육수 없이도 감칠맛이 제대로 살아납니다.

소요 시간	30min	난이도	상	중	하

필수 재료	칼국수 면 320g(2인분), 백합 600g, 새우 3~5마리(선택), 애호박 ⅓개, 양파 ½개, 당근 약간, 천일염 1~2큰술
양념	다진 마늘 ½큰술, 국간장 1큰술, 참치액 1큰술, 소금 약간, 후춧가루 약간
조리 과정	(1) 백합은 물 1L에 천일염 1~2큰술을 풀어 1시간 정도 해감한 뒤 깨끗이 씻어 준비해 주세요. (2) 애호박, 양파, 당근은 채 썰어주세요. (3) 냄비에 물 1.5L를 붓고 끓기 시작하면 백합을 넣어 입이 벌어질 때까지 익힌 뒤 건져 내주세요. (4) 국물에 애호박, 양파, 당근, 새우(선택), 국간장 1큰술, 참치액 1큰술, 다진 마늘 ½큰술을 넣어 끓입니다. (5) 끓기 시작하면 칼국수 면을 넣고 익혀주세요. (6) 부족한 간은 소금으로 맞추고, 재료가 모두 익으면 마지막으로 건져둔 백합을 넣고 후춧가루를 약간 뿌려 마무리합니다.

알찬 팁

· 칼국수 면은 흐르는 물에 전분기를 살짝 헹궈 넣으면 걸쭉하지 않게 끓일 수 있어요.
· 취향에 따라 청양고추나 고춧가루를 더하면 얼큰한 해물칼국수로 즐길 수 있어요.
· 백합이 없을 땐 동죽이나 바지락 같은 조개류로 맛있게 끓일 수 있어요.

해물볶음우동

해물과 채소를 가득 넣은 볶음우동으로 맛있고 든든한 한 끼를 만들어보세요.
재료만 있으면 빠르게 완성할 수 있는 한 그릇 요리입니다.

소요 시간	25min	난이도	상	중	하

필수 재료	우동 면 1개, 새우 6~8마리, 대파 ½대, 양배추 100g, 양파 ¼개, 청경채 1개, 식용유 2큰술, 다진 마늘 1큰술, 통깨 약간
양념	간장 2큰술, 굴소스 1큰술, 맛술 1큰술, 설탕 ½큰술
조리 과정	(1) 새우는 머리를 떼어낸 뒤 껍질을 벗기고 등 쪽 내장을 제거해주세요.
	(2) 대파는 송송 썰고 양파, 양배추는 채 썰고, 청경채는 1장씩 떼어 준비합니다.
	(3) 끓는 물에 우동 면을 넣고 1~2분 정도 삶은 뒤 찬물에 헹궈 물기를 빼줍니다.
	(4) 팬에 식용유 2큰술을 두르고 다진 마늘과 대파를 넣고 볶아주세요.
	(5) 새우를 넣고 강한 불에서 겉만 살짝 익힌 뒤 잠시 건져냅니다.
	(6) 양파를 먼저 넣어 1분 정도 볶다가, 양배추와 청경채를 함께 넣고 살짝만 더 볶아주세요.
	(7) 건져낸 새우와 삶아둔 우동 면, 분량의 양념을 넣고 골고루 볶습니다.
	(8) 통깨를 뿌려 마무리합니다.

알찬 팁

· 새우를 겉만 살짝 익힌 뒤 건져내면 나중에 과하게 익지 않아 탱글탱글한 식감을 유지할 수 있어요.
· 양파가 반쯤 투명해지면 양배추를 넣어 아삭함을 살리고, 청경채는 가장 마지막에 넣어 살짝만 익히면 색도 예쁘고 식감도 유지돼요.

해물양배추전

오코노미야키로 잘 알려진 해물양배추전 레시피입니다.
해물과 채소가 어우러져 더욱 풍성한 맛을 느낄 수 있어요.

소요 시간	30min	난이도	상	중	하

필수 재료	양배추 150g, 부침가루 150g, 해물 믹스 100g, 식용유 적당량, 쪽파 약간(선택)
양념	돈가스소스 3~4큰술, 마요네즈 3큰술, 가쓰오부시 약간
조리 과정	(1) 양배추는 채 썰고 해물 믹스는 미리 해동한 뒤 물기를 꽉 짜서 준비해주세요. (2) 큰 볼에 부침가루와 물 120ml를 넣고 섞어줍니다. 이때 반죽이 너무 묽으면 부침가루를 조금 더 넣어 농도를 맞춰주세요. (3) 반죽에 양배추, 해물 믹스를 모두 넣고 섞어주세요. (4) 팬에 식용유를 적당량 두르고 반죽을 떠서 팬에 올려 둥글게 펼칩니다. (5) 중약불에서 한 면이 노릇노릇하게 익을 때까지 3~4분 굽고, 뒤집어서 다른 면도 익혀주세요. (6) 다 익은 양배추전 위에 돈가스소스를 바르고 마요네즈를 뿌린 뒤 가쓰오부시와 송송 썬 쪽파(선택)를 뿌려 마무리합니다.
🔒 알찬 팁	·해산물 외에도 돼지고기, 치즈, 베이컨, 새우 등 다양한 재료를 추가할 수 있어요. 취향에 맞게 재료를 선택해보세요.

12월 집밥

연말을 풍성하게 장식 할 집밥 레시피

12월은 가족이나 친구들과 따뜻한 식탁을 나누는 시간이 많아지는 시기죠. 하지만 매번 외식하기엔 부담스럽고, 집밥을 차리자니 메뉴 고르기가 쉽지 않아요. 그래서 부담은 덜고 분위기는 살릴 수 있는 연말 메뉴를 모아봤어요. 갈릭닭윙구이는 에어프라이어로 간편하게 완성할 수 있고, 목살스테이크는 소고기보다 부담 없고 화려한 플레이팅으로 특별한 날 분위기 내기 좋아요.

 ## 이번 달 장보기 전략

주재료
- ☑ 닭 날개
- ☐ 돼지고기
- ☐ 새우
- ☐ 가리비
- ☐ 마늘
- ☐ 캔 옥수수
- ☐ 푸실리 파스타
- ☐ 모차렐라 치즈

부재료
- ☐ 양파
- ☐ 양송이버섯
- ☐ 캔 옥수수
- ☐ 방울토마토
- ☐ 미니 새송이버섯

 ## 알찬 집밥 포인트

1 닭 윙은 에어프라이어로 간편하게 즐겨요
굽기 전 우유에 잠시 재워두면 냄새도 잡고 육즙도 더 살아나요.

2 냉동 새우를 활용하면 근사한 요리 완성!
냉동 새우는 감바스를 만들 때 활용하면 좋아요. 마늘과 올리브유를 더하면 빵과 어울리는 요리가 돼요.

3 캔 옥수수로 고소한 간식을 만들어요
캔 옥수수는 버터 한 조각이면 고소한 간식을 만들 수 있어요. 아이·간식은 물론, 브런치나 술안주로도 활용하기 좋아요.

 캔 옥수수 사용 후 남은 양은 유리 밀폐 용기에 담아 냉장 보관하고, 샐러드나 볶음밥에 소량씩 활용해보세요.

 푸실리 파스타는 삶기 전 소금을 충분히 넣은 물에 끓이면 더 쫄깃한 식감이 살아나요.

 가리비는 해감이 필요 없어요. 단, 껍질째 사용할 땐 겉면을 솔로 문질러 이물질을 제거해주세요.

푸실리는 토마토소스로 간단하게, 옥수수는 버터에 구워 고소하게 조리해 한 해를 마무리해보세요.

갈릭닭윙구이

한 해를 마무리하는 특별한 날, 근사한 요리를 고민하고 있다면 이 요리를 추천합니다.
달콤짭조름한 양념으로 남녀노소 누구나 좋아할 완벽한 맛이에요.

소요 시간	40min	난이도	상	중	하
필수 재료	닭 날개 500g, 맛술 1큰술, 소금 약간, 후춧가루 약간, 튀김가루 3큰술, 올리브 오일 1큰술				
양념	물 3큰술, 간장 2큰술, 물엿 2큰술, 설탕 1큰술, 다진 마늘 1큰술, 레몬즙 1큰술				
조리 과정	⑴ 닭은 맛술 1큰술, 소금 약간, 후춧가루 약간을 약간 넣고 10분간 재워둡니다. ⑵ 튀김가루 3큰술, 올리브 오일 1큰술을 비닐 팩에 넣고 밑간한 닭을 넣은 뒤 흔들어 골고루 묻혀줍니다. ⑶ 닭 날개는 에어프라이어에 넣고 180℃로 20분간 구워주세요. ⑷ 팬에 분량의 양념 재료를 넣고 끓기 시작하면 구운 닭을 넣은 뒤 1~2분간 끓인 다음 뒤섞어서 완성합니다.				

알찬 팁

· 페페론치노나 청양고추를 추가하면 살짝 매콤한 맛이 감칠맛을 더욱 끌어올려요.

목살스테이크

근사한 메뉴로 연말을 기념하고 싶을 때 돼지고기 목살을 활용해 스테이크를 만들어보세요.
소고기와는 또 다른 매력으로 가격 대비 훌륭한 맛을 낼 수 있어요.

소요 시간	30min	난이도	상	중	하

필수 재료	돼지고기 목살 500g, 양파 ½개, 양송이버섯 4개, 밀가루 3큰술, 마늘 10톨, 올리브 오일 적당량, 소금 약간, 후춧가루 약간
양념	물 100ml, 간장 3큰술, 물엿 2큰술, 맛술 2큰술, 케첩 1큰술, 버터 1큰술
조리 과정	(1) 양파는 채 썰고 양송이버섯은 슬라이스 한 뒤 목살은 소금 약간, 후춧가루 약간을 뿌려 10분 정도 재워주세요. (2) 밑간한 목살에 밀가루를 묻힌 뒤 가볍게 털어내세요. (3) 팬에 올리브 오일을 두르고 목살과 마늘을 함께 노릇하게 구워줍니다. (4) 다른 팬에 준비한 양파, 양송이버섯, 분량의 양념 재료를 모두 넣고 끓여주세요. (5) 소스가 끓기 시작하면 구운 목살을 넣고, 약한 불에서 10분간 천천히 조리세요. 이때 고기를 가끔 뒤집어 양념이 고르게 배도록 합니다. (6) 양념이 충분히 배면 구운 마늘과 함께 접시에 담아 냅니다.
알찬 팁	· 목살에 칼집을 넣으면 식감이 더욱 부드러워지고, 양념도 속까지 잘 스며들어요.

가리비치즈구이

신선한 제철 가리비를 더욱 맛있게 즐기는 방법.
치즈를 듬뿍 얹어 곁들이면 근사한 연말 요리가 완성됩니다.

소요 시간	20min	난이도	상	중	하

필수 재료	가리비 1kg, 모차렐라 치즈 적당량, 캔 옥수수 2큰술, 파슬리가루 약간

소스	녹인 버터 2큰술, 다진 마늘 1큰술, 다진 당근 ½큰술, 다진 양파 1큰술

조리 과정	(1) 가리비는 깨끗이 씻은 뒤 찜기에 넣고 3~5분간 찐 다음 껍데기 한쪽을 제거합니다.
	(2) 볼에 분량의 소스 재료를 넣고 섞어 준비합니다.
	(3) 찐 가리비에 캔 옥수수, 모차렐라 치즈, 준비한 소스를 적당량 올립니다.
	(4) 180℃로 예열한 에어프라이어에서 10분간 치즈가 녹을 때까지 익혀줍니다.
	tip. 오븐이 없다면 팬에 물을 약간 넣고 뚜껑을 덮어 약한 불에서 5~7분간 익혀도 좋아요.
	(5) 구운 가리비 위에 파슬리가루를 살짝 뿌려 마무리합니다.

알찬 팁	·가리비를 한번 찌면 불필요한 수분이 빠져 치즈와 소스가 더욱 잘 어우러져요.
	·기호에 따라 초장을 곁들여도 맛있어요.

푸실리토마토파스타

간단하고 맛있는 푸실리파스타는 빵을 곁들여 먹어도 맛있고
냉장 보관 후 차갑게 즐겨도 또 다른 매력이 있어요.

소요 시간	30min	난이도	상	중	하

필수 재료	푸실리 파스타 100g, 캔 옥수수 100g, 양파 ¼개, 다진 마늘 ½큰술, 올리브 오일 2큰술, 소금 ½큰술, 그라노 파다노 치즈 약간(선택)
소스	토마토소스 6큰술, 케첩 2큰술
조리 과정	(1) 캔 옥수수는 물기를 빼고 양파는 잘게 다져주세요.
	(2) 푸실리는 끓는 물 1L에 소금 ½큰술을 넣고 8~10분간 삶아주세요.
	(3) 삶은 푸실리는 물기를 뺀 뒤 올리브 오일 1큰술과 함께 버무려주세요.
	tip. 푸실리 삶은 물은 남겨두세요. 면수로 활용할 예정입니다.
	(4) 팬에 올리브 오일 1큰술, 다진 마늘 ½큰술, 옥수수, 양파를 넣고 볶아주세요.
	(5) 양파가 익으면 토마토소스 6큰술, 케첩 2큰술을 추가해 잘 섞습니다.
	(6) 삶은 푸실리를 소스 팬에 넣고 부족한 간은 면수로 조절하면서 중간 불에서 1~2분간 더 볶아주세요.
	(7) 접시에 파스타를 담고 취향에 따라 그라노 파다노 치즈를 뿌려 완성합니다.

알찬 팁

· 푸실리 파스타는 팬에 추가로 볶을 것을 고려해, 삶을 때는 평소보다 조금 덜 익혀주세요.
· 삶은 푸실리는 올리브 오일과 함께 버무려두면 퍼지는 걸 방지할 수 있어요.

감바스

감바스의 정식 이름은 '감바스 알 아히요'로 새우와 마늘을 뜻하는 스페인어 단어를 합쳐 만든 이름이에요. 바게트와 함께 곁들여도 맛있고 와인 안주로도 제격이죠.

소요 시간	15min	난이도	상	중	하

필수 재료	올리브 오일 150ml, 새우 15마리, 마늘 10톨, 미니 새송이버섯 10개, 방울토마토 5개, 페페론치노 3~5개, 파슬리가루 약간, 바게트 약간(선택)
양념	치킨 스톡 ½작은술, 소금 약간, 후춧가루 약간
조리 과정	(1) 바게트 빵은 팬에 노릇하게 구워 준비합니다(선택). (2) 새우는 깨끗이 씻어 물기를 제거한 뒤 소금 약간, 후춧가루 약간을 넣어 밑간해둡니다. (3) 방울토마토는 반으로 가르고, 마늘은 얇게 슬라이스하고, 미니 새송이버섯은 먹기 좋은 크기로 썰어주세요. (4) 팬에 올리브 오일 150ml를 두르고, 페페론치노와 마늘을 넣어 노릇하게 볶아 향을 냅니다. (5) 새우, 방울토마토, 미니 새송이버섯을 넣고 치킨스톡 ½작은술과 소금 약간으로 간을 맞춥니다. (6) 재료가 모두 익으면 파슬리와 후춧가루를 약간 뿌려 마무리합니다.

알찬 팁

· 모든 재료는 물기를 완벽하게 제거해야 기름에 넣었을 때 튀기지 않고 안전하게 요리할 수 있어요.

옥수수버터구이

간단한 재료로 완성하는 옥수수버터구이. 버터에 달달하게 볶아낸 옥수수는
간식으로도, 맥주 안주로도 딱 좋은 메뉴예요.

소요 시간	15min	난이도	상	중	하

필수 재료	캔 옥수수 1개(약 150g), 피자치즈 또는 슬라이스 치즈 1~2장, 파슬리가루 약간(선택)

양념	버터 1큰술, 마요네즈 1큰술, 설탕 ½큰술(선택), 후춧가루 약간

조리 과정	⑴ 통조림 옥수수는 체에 밭쳐 물기를 빼줍니다.
	⑵ 팬에 버터 1큰술을 녹인 뒤 옥수수를 볶아 수분을 한번 날려주세요.
	⑶ 옥수수에 마요네즈 1큰술, 설탕 ½큰술(선택), 후춧가루 약간을 넣고 잘 섞어줍니다.
	⑷ 옥수수를 고르게 펼친 뒤 피자치즈 또는 슬라이스 치즈를 적당량 올립니다.
	⑸ 뚜껑을 덮고 약한 불에서 치즈가 녹을 때까지 기다립니다.
	⑹ 치즈가 완전히 녹으면 파슬리가루 약간(선택)을 뿌려 완성합니다.

알찬 팁

· 옥수수의 수분을 제대로 날려야 더욱 고소하고 달큰한 콘치즈가 완성돼요.
· 치즈 양은 기호에 맞게 조절하세요.

실패하지 않는

매월
알찬 반찬

콩나물
무침

냉장고 속 단골 재료 콩나물은 삶기만 잘해도 반은 성공이에요. 가격 부담도 적고, 아삭하게 무쳐내면 밥과 함께 먹기 딱 좋은 기본 반찬이 됩니다.

필수 재료	콩나물 200g, 당근 ⅕개, 대파 ½대, 소금 1작은술
양념	참치액 1큰술, 다진 마늘 ½큰술, 참기름 1큰술, 소금 약간, 통깨 약간
조리 과정	(1) 콩나물은 흐르는 물에 깨끗이 씻고, 당근은 얇게 채 썰고, 대파는 잘게 다져 준비합니다. (2) 냄비에 물 300ml, 소금 1작은술을 넣고 끓기 시작하면 콩나물과 당근을 넣고 중강불에서 3~4분간 삶아주세요. (3) 삶은 콩나물과 당근은 찬물에 헹궈 열기를 식히고 물기를 털어냅니다. (4) 볼에 콩나물, 대파, 당근, 분량의 양념을 넣어 조물조물 무쳐주세요. tip. 참치액이 없다면 국간장이나 맛간장으로 대체할 수 있어요.
🧤 알찬 팁	· 콩나물무침은 시간이 지나면 수분이 빠져나와 싱거워질 수 있어요. 처음 무칠 때 살짝 짭짤하게 양념하면 끝까지 맛있게 먹을 수 있어요. · 삶을 땐 뚜껑을 열고 조리하세요. 비린내가 날아가고 콩나물 특유의 깔끔한 맛이 살아나요.

간장어묵
볶음

단짠단짠 양념에 볶아낸 어묵볶음은 아이들 반찬으로도 인기 만점이에요.
특히 어묵은 마트에서 부담 없이 장바구니에 담을 수 있는 식재료 중 하나죠.

알뜰
반찬

반찬

필수 재료	어묵 4장, 양파 ½개, 대파 ⅓대, 당근 ⅙개(선택), 식용유 약간
양념	간장 2큰술, 설탕 ½큰술, 물엿 1큰술, 다진 마늘 ½큰술, 맛술 1큰술, 참기름 약간(선택), 통깨 약간
조리 과정	(1) 어묵은 한입 크기로 썰고, 양파는 채 썰고, 대파는 어슷 썰어 준비합니다(당근이 있다면 얇게 채 썰어 함께 넣어도 좋아요). (2) 팬에 식용유를 두르고 어묵, 양파, 당근을 넣어 중간 불에서 가볍게 볶아주세요. 재료에 기름이 골고루 코팅될 때까지만 볶습니다. (3) 간장 2큰술, 설탕 ½큰술, 물엿 1큰술, 다진 마늘 ½큰술, 맛술 1큰술을 넣고 양념이 잘 스며들도록 중간 불에서 골고루 볶아줍니다. (4) 대파, 참기름 약간(선택), 통깨 약간을 넣고 1분 정도 더 볶아 향을 살리며 마무리합니다.
🧤 알찬 팁	· 어묵은 사용 전 뜨거운 물에 데쳐 기름기를 제거하면 더 담백하고 깔끔한 맛을 낼 수 있어요. · 어묵은 한번 익힌 재료라 오래 볶지 않아도 돼요. 짧은 시간 안에 양념이 배도록 볶는 것이 맛의 포인트입니다.

느타리 버섯볶음

느타리버섯은 사계절 마트에서 쉽게 구할 수 있는 재료예요. 양념간장을 더해 살짝 볶아내면 쫄깃한 식감과 고소한 풍미가 살아납니다.

필수 재료	느타리버섯 200g, 당근 ⅙개, 양파 ½개, 소금 1작은술, 식용유 약간
양념	간장 2큰술, 다진 마늘 ½큰술, 참기름 1큰술, 소금 약간, 통깨 약간
조리 과정	(1) 느타리버섯은 밑동을 자르고 손으로 결대로 찢고, 당근과 양파는 채 썰어 줍니다. (2) 끓는 물 300ml에 소금 1작은술을 넣고 버섯을 30초 이내로 데친 뒤 찬물에 헹궈 물기를 꼭 짜주세요. (3) 팬에 식용유를 약간 두르고 채 썬 당근과 양파, 데친 느타리버섯을 넣고 중간불에서 골고루 볶아줍니다. (4) 간장 2큰술, 다진 마늘 ½큰술을 넣고 재료에 양념이 고루 배도록 볶아주세요. 이때 부족한 간은 소금으로 맞춰줍니다. (5) 양념이 잘 배면 불을 끄고 참기름 1큰술, 통깨 약간을 넣어 마무리합니다.
🧤 알찬 팁	·버섯을 한번 데치면 볶을 때 물이 덜 생기고 쫄깃한 식감도 살아나요.

감자채 볶음

감자채볶음은 단순해 보여도 의외로 까다로운 반찬이에요. 혹시 그동안 자꾸 실패했다면, 오늘은 꼭 다시 도전해보세요.

필수 재료	감자 2개, 양파 ½개, 당근 약간(선택), 식용유 2큰술
양념	소금 약간, 후춧가루 약간, 통깨 약간
조리 과정	(1) 감자, 양파, 당근(선택)은 채 썰어 준비합니다.
	(2) 끓는 물에 소금 약간을 넣고 감자채를 넣어 30초~1분 정도 데친 뒤 물기를 빼주세요.
	(3) 팬에 식용유 2큰술을 두르고 양파와 당근을 볶습니다.
	(4) 양파가 반쯤 투명해지면 데친 감자를 넣고 함께 볶아주세요.
	(5) 소금으로 간을 맞을 맞춘 뒤 후춧가루와 통깨를 약간 뿌려 마무리합니다.
🔒 알찬 팁	· 감자는 볶기 전에 살짝 데쳐두면 전분이 빠져 들러붙지 않고, 속까지 골고루 익어 식감이 좋아요.
	· 상황에 따라 햄을 채 썰어 넣어도 잘 어울려요.

콩나물
냉채

기름진 음식이 부담스러울 때, 상큼하고 아삭한 콩나물냉채로 입맛을 살려보세요. 조리법이 쉽고 간단하면서도 건강한 식사 메뉴로도 좋아요.

필수 재료	콩나물 200g, 게맛살 5개, 오이 ½개, 소금 1작은술
양념장	연겨자 ½큰술, 식초 3큰술, 다진 마늘 ½큰술, 설탕 2큰술, 간장 ½큰술
조리 과정	(1) 냄비에 콩나물이 잠길 정도로 물을 붓고 소금 1작은술을 넣어 뚜껑을 덮은 뒤 3분간 끓입니다. (2) 데친 콩나물은 건져내 찬물에 담가 열기를 식힌 뒤 물기를 빼줍니다. (3) 오이는 얇게 채 썰고, 게맛살은 결대로 찢어 준비합니다. (4) 분량의 재료를 섞어 양념장을 만듭니다. (5) 준비한 재료를 모두 볼에 담고 양념장을 곁들여 먹습니다.
🧴 알찬 팁	· 콩나물에서 비린내가 나는 것을 방지하기 위해서는 처음부터 뚜껑을 열거나 덮어서 조리해야 합니다. 그렇기 때문에 1번 과정에서 중간에 뚜껑을 열면 비린내가 날 수 있으니 주의합니다.

오징어 초무침

탱탱한 오징어와 아삭한 채소가 만나 입맛을 확 살려주는 초무침. 새콤달콤한 양념장을 곁들여 온 가족과 함께 맛있게 즐겨보세요.

알뜰 반찬

반찬

필수 재료	오징어 1마리, 오이 ½개, 양파 ¼개, 당근 약간, 맛술 2큰술, 통깨 약간
양념장	고추장 1큰술, 고춧가루 2큰술, 설탕 2큰술, 다진 마늘 1큰술, 간장 1큰술, 식초 2큰술, 매실액 1큰술
조리 과정	(1) 손질한 오징어를 먹기 좋게 1~1.5cm 크기로 썰어 준비합니다. (2) 오이, 양파, 당근은 채 썰어둡니다. (3) 냄비에 물 500ml를 끓인 뒤 맛술 2큰술을 넣고 오징어를 3분 내외로 짧게 데쳐 건져 냅니다. (4) 분량의 재료를 섞어 양념장을 만듭니다. (5) 볼에 오이, 양파, 오징어, 당근, 양념장을 넣고 골고루 버무립니다. (6) 마지막에 통깨를 뿌려 마무리합니다.
🧤 알찬 팁	· 오징어는 너무 오래 데치면 질겨질 수 있으니 1분 내외로 짧게 익혀주세요.

꽈리고추
삼겹간장조림

단짠단짠 밥반찬으로 딱 좋은 삼겹간장조림. 아이들도 함께 먹을 수 있는 메뉴로 어른들은 상큼하게 무친 부추겉절이와 곁들여도 좋아요.

필수 재료	삼겹살 400g, 꽈리고추 15~20개, 마늘 10톨, 통깨 약간
양념장	간장 3큰술, 설탕 1큰술, 물엿 1큰술, 맛술 3큰술, 다진 마늘 1큰술, 후춧가루 약간
조리 과정	(1) 꽈리고추와 마늘을 깨끗이 씻은 뒤 꽈리고추는 먹기 좋은 크기로 자릅니다. (2) 분량의 재료를 섞어 양념장을 만듭니다. (3) 팬에 삼겹살을 앞뒤로 노릇하게 구운 뒤 중간에 마늘도 함께 튀기듯이 구워줍니다. (4) 삼겹살은 먹기 좋은 크기로 자르고 양념장을 넣어 조립니다. (5) 양념장이 반으로 줄어들면 꽈리고추를 넣고 약한 불에서 3분간 볶습니다. (6) 통깨를 약간 뿌려 마무리합니다.
알찬 팁	· 삼겹살에서 기름이 많이 나왔다면, 소스를 넣기 전에 키친타월로 기름을 가볍게 닦아내고 요리해도 좋습니다. · 꽈리고추를 너무 오래 볶으면 아삭한 식감이 사라지므로 짧은 시간에 조리하는 것이 좋습니다.

냉이
된장무침

신선한 냉이와 구수한 된장이 어우러져 자연의 맛을 담은 냉이된장무침을 소개합니다. 건강한 봄의 맛을 함께 느껴보세요.

필수 재료	냉이 200g, 굵은소금 1큰술, 소금 약간(선택)
양념장	된장 2큰술, 고춧가루 ½큰술, 다진 마늘 ½큰술, 참기름 1큰술, 통깨 ½큰술
조리 과정	(1) 냉이는 잔뿌리와 흙을 제거하고 깨끗이 씻어 준비해주세요. (2) 냄비에 물 1L, 굵은소금 1큰술을 넣고 끓기 시작하면 냉이의 뿌리 부분부터 넣고 1분간 데쳐주세요. (3) 데친 냉이를 찬물에 넣어 열기를 식힌 뒤 물기를 가볍게 짜내고 먹기 좋은 크기로 썰어주세요. (4) 볼에 분량의 재료를 넣고 잘 섞어 양념장을 만들어주세요. (5) 손질한 냉이를 양념장에 넣어 골고루 무치고, 필요에 따라 소금으로 간을 맞춰주세요.
🧑‍🍳 알찬 팁	· 냉이는 물에 10분 정도 담가두고 손으로 흔들어가며 세척하면 이물질을 빠르고 쉽게 제거할 수 있습니다. 냉이 뿌리의 두께에 따라 데치는 시간을 조절하세요. 뿌리가 굵다면 조금 더 오래 데치고, 얇으면 시간을 줄여주세요.

미역줄기 볶음

미역 줄기는 마늘 향을 더해 기름지지 않게 볶아내면 고소하고 담백한 밥반찬으로 딱이에요. 부담 없는 재료니 꼭 도전해보세요.

필수 재료	염장 미역 줄기 200g, 당근 ⅓개, 식용유 3큰술, 다진 마늘 1큰술, 맛술 2큰술
양념	참치액 1큰술, 참기름 1큰술, 소금 약간, 통깨 약간
조리 과정	(1) 미역 줄기는 흐르는 물에 비벼 소금을 제거하고 찬물에 10분간 담가 염분을 뺍니다. (2) 염분을 뺀 미역 줄기는 흐르는 물에 한번 더 헹군 뒤 체에 밭쳐 물기를 빼주세요. (3) 물기를 뺀 미역 줄기는 먹기 좋은 길이로 썰고 당근은 채 썰어 준비합니다. (4) 팬에 식용유 3큰술, 다진 마늘 1큰술을 넣고 볶아 마늘 향을 충분히 내주세요. (5) 향이 올라오면 미역 줄기를 넣고 맛술 2큰술과 함께 강한 불에서 수분을 날리듯 충분히 볶아줍니다. (6) 참치액 1큰술, 채 썬 당근을 넣고 한번 더 볶고, 부족한 간은 소금으로 맞춰주세요. (7) 불을 끄고 참기름 1큰술, 통깨 약간을 넣어 마무리합니다.
🧤 알찬 팁	· 미역 줄기는 대파나 양파와 함께 볶으면 맛 궁합이 맞지 않으니 생략하는 걸 추천해요. · 염분을 뺀 미역 줄기는 적당히 짭조름해야 맛있어요. 처음에 간을 볼 땐 미역 한 가닥을 먹어보는 것도 좋습니다.

들깻가루 오이무침

불 없이 간단하게 만드는 오이들깨무침 레시피예요. 오늘은 빨간 고춧가루 양념 대신 깔끔한 들깨 양념으로 색다르게 즐겨보세요.

필수 재료	오이 2개, 굵은소금 ½큰술
양념	들깻가루 2큰술, 간장 ½큰술, 다진 마늘 ½큰술, 들기름 1큰술, 통깨 약간
조리 과정	(1) 오이는 깨끗이 씻어 먹기 좋은 크기로 썬 뒤 볼에 담아 굵은소금 ½큰술을 넣고 10분 정도 절여주세요. (2) 절인 오이는 흐르는 물에 가볍게 헹군 뒤 물기를 짜주세요. (3) 볼에 오이, 분량의 양념 재료를 넣고 고루 섞어 조물조물 무쳐줍니다.
🍳 알찬 팁	· 들깻가루가 수분을 잡아주기 때문에 오이에 물기가 살짝 남아 있는 상태에서 양념을 넣는 것이 포인트예요.

단무지 무침

새콤달콤한 단무지는 그냥 먹어도 맛있지만 고춧가루 양념을 살짝 곁들이면 더욱 맛있게 즐길 수 있어요. 여름철 간단한 밑반찬으로 적극 추천합니다.

필수 재료	단무지 150g, 대파 ⅓대
양념	고춧가루 1큰술, 다진 마늘 ½큰술, 설탕 1작은술, 참기름 1큰술, 통깨 약간
조리 과정	(1) 단무지는 반달 모양으로 채 썬 뒤 흐르는 물에 한번 씻어 물기를 가볍게 짜줍니다. (2) 대파는 잘게 다져 준비해주세요. (3) 볼에 단무지, 고춧가루 1큰술, 다진 마늘 ½큰술, 설탕 1작은술, 다진 대파를 넣고 조물조물 무쳐줍니다. (4) 참기름 1큰술과 통깨 약간을 넣고 한번 더 가볍게 섞어 마무리합니다.
🧤 알찬 팁	·단무지는 물에 한번 헹구면 짠맛이 부드러워지고 양념이 더 잘 배요. ·좀 더 새콤하게 만들고 싶거나 단맛을 줄이고 싶다면 식초나 설탕의 비율을 기호에 맞게 조절해주세요.

고추된장 무침

구수하고 달큰한 된장 양념에 버무린 고추무침 먹어보셨나요? 구수하면서도 아삭아삭 시원한 식감이 별미예요.

필수 재료	풋고추 4~5개
양념	된장 1큰술, 쌈장 ½큰술, 콩가루 ½큰술(선택), 올리고당 ½큰술, 참기름 1큰술, 통깨 약간
조리 과정	(1) 깨끗이 씻은 고추는 1~2cm 크기로 먹기 좋게 썰어 준비합니다. (2) 볼에 분량의 양념 재료(콩가루는 기호에 따라 넣어주세요)를 넣은 뒤 고추와 함께 섞어주세요.
🧤 **알찬 팁**	·콩가루를 소량 넣으면 더욱 고소하게 먹을 수 있어요.

가스불 NO

반찬

깻잎김치

깻잎김치는 짭조름한 감칠맛으로 한 장 한 장 꺼내 먹는 재미도 있고, 김치처럼 익혀 먹어도 맛있는 밥도둑 반찬이에요.

필수 재료	깻잎 20장, 양파 ¼개, 대파 ½대, 청양고추 1개, 홍고추 1개, 당근 약간(선택)
양념	간장 3큰술, 참치액 2큰술, 물 5큰술, 다진 마늘 ½큰술, 고춧가루 ½큰술, 설탕 ½큰술, 매실청 1큰술, 참기름 1큰술, 통깨 약간
조리 과정	⑴ 깻잎은 깨끗이 씻어 체에 밭쳐 물기를 최대한 제거합니다.
	⑵ 양파와 당근은 채 썰고, 대파와 청양고추, 홍고추는 잘게 다져 준비합니다.
	⑶ 볼에 분량의 재료를 넣고 잘 섞어 양념을 만듭니다.
	⑷ 양념에 손질한 채소를 모두 넣고 고루 섞어줍니다.
	⑸ 쟁반에 깻잎을 3~4장씩 겹쳐가며 양념을 덜어 얇게 펴 바르듯 올려주세요. 깻잎을 겹겹이 쌓아가며 양념을 바르길 반복합니다.
	⑹ 양념한 깻잎을 밀폐 용기에 담아 냉장고에서 하루 정도 숙성합니다.
알찬 팁	· 깻잎은 물기를 최대한 제거해야 양념이 더 잘 스며들어요.
	· 깻잎김치는 실온에서 3시간 이상, 또는 냉장고에서 하루 숙성하면 가장 맛있어요.

상추겉절이

쌈으로만 먹던 상추를 양념에 살짝 무쳐내면 입맛 돋우는 별미 반찬이 됩니다.
신선한 상추의 숨이 죽기 전 살짝 무쳐내는 게 포인트예요.

필수 재료	상추 10장, 양파 ⅓개
양념	고춧가루 1큰술, 다진 마늘 ½큰술, 매실청 1큰술, 설탕 ½큰술, 간장 1큰술, 식초 1큰술, 참기름 1큰술, 통깨 약간
조리 과정	⑴ 상추는 흐르는 물에 씻은 뒤 물기를 탈탈 털어 4~5cm 길이로 썰고 양파는 채 썰어 준비합니다. ⑵ 볼에 분량의 재료를 넣고 섞어 양념을 만듭니다. ⑶ 양념에 썰어둔 상추와 양파를 넣고 먹기 직전에 살살 무쳐주세요.
알찬 팁	· 상추겉절이는 숨이 죽지 않도록 무친 뒤 바로 먹는 것이 가장 맛있어요.

김장아찌

양념간장에 푹 절여 만든 김장아찌는 간단하지만 풍미 가득한 밥반찬이에요.
묵은 김이 있다면 활용해도 좋아요.

필수 재료	김 5장, 대파 ⅓대, 청양고추 1~2개
양념	간장 3큰술, 참치액 2큰술, 물 5큰술, 설탕 ½큰술, 참기름 1큰술, 통깨 약간
조리 과정	(1) 김은 반으로 자른 뒤, 다시 2~3등분해 먹기 좋은 크기로 준비합니다. (2) 대파와 청양고추는 잘게 다져 준비합니다. tip. 청양고추는 생략해도 되지만, 넣으면 칼칼한 맛이 감칠맛을 살려줘요. (3) 볼에 분량의 양념 재료를 넣고 잘 섞은 뒤 잘게 썬 대파와 청양고추를 넣어주세요. (4) 김을 3~4장 정도 겹쳐가며 양념을 덜어 얇게 펴 바르듯 올려주세요. 김을 겹겹이 쌓아가며 양념을 바르길 반복합니다. (5) 밀폐 용기에 담아 냉장고에서 하루 이상 숙성하세요.
🧤 알찬 팁	· 김밥용 김이나 곱창김 모두 사용 가능합니다. 조미 김은 추천하지 않아요. · 양념을 너무 많이 넣으면 김이 쉽게 풀어져 식감이 떨어질 수 있어요. 얇게 바르듯 소량씩 덜어 겹겹이 올리는 게 맛과 식감을 지키는 비결이에요.

진미채
무침

달콤하고 매콤한 진미채무침. 고소한 마요네즈를 살짝 넣으면 부드럽고 촉촉한 식감이 더해져 누구나 좋아할 맛이 됩니다.

필수 재료	진미채 150g, 마요네즈 2큰술, 참기름 1큰술, 통깨 약간
양념	고추장 2큰술, 고춧가루 1큰술, 간장 1큰술, 설탕 1큰술, 식용유 1큰술, 물 3큰술
조리 과정	⑴ 진미채는 먹기 좋은 길이로 자른 뒤, 마요네즈 2큰술과 함께 버무려 5분 정도 두어 부드럽게 만듭니다. ⑵ 팬에 분량의 양념 재료를 넣고 전체적으로 바글바글 끓여주세요. ⑶ 양념이 전체적으로 끓어오르면 불을 끈 뒤 준비해둔 진미채를 넣어 골고루 버무려 주세요. ⑷ 참기름 1큰술, 통깨 약간을 넣고 가볍게 섞어 마무리합니다.
알찬 팁	· 마요네즈를 넣으면 양념이 더 고소하고 부드럽게 감싸줘요. · 양념장을 끓여서 사용하면 진미채 특유의 비린 맛을 잡고 풍미를 더해줍니다.

명엽채 볶음

명태 살을 얇게 저며 양념하여 말려낸 명엽채는 씹을수록 특유의 감칠맛이 느껴지는 재료입니다. 고소한 양념간장을 더해 더욱 풍부한 맛을 즐겨보세요.

필수 재료	명엽채 200g, 참기름 1큰술, 통깨 약간
양념	간장 1큰술, 물엿 2큰술, 맛술 2큰술
조리 과정	(1) 명엽채는 6~7cm 길이로 먹기 좋게 잘라주세요.
	(2) 팬에 명엽채, 분량의 양념을 넣고 빠르게 볶아주세요.
	(3) 양념이 고루 섞이면 참기름 1큰술, 통깨 약간을 넣어 고소하게 마무리합니다.
🧤 알찬 팁	· 명엽채는 미리 마른 팬에 살짝 덖으면 잡내가 날아가고 양념도 더 잘 배요.

꽈리고추 멸치볶음

멸치볶음에 꽈리고추를 더하면 짭조름한 멸치에 은은한 매운맛과 향이 더해져 질리지 않고 풍성하게 즐길 수 있어요. 밥반찬으로 한층 더 맛있게 먹어보세요.

필수 재료	멸치 150g, 꽈리고추 10개, 마늘 5톨, 식용유 2큰술, 올리고당 1큰술, 참기름 1큰술, 통깨 약간
양념	간장 ½큰술, 설탕 ½큰술, 맛술 2큰술
조리 과정	(1) 볶음용 멸치는 체에 올려 살짝 털어 불순물을 제거합니다. (2) 꽈리고추는 반으로 자르고, 마늘은 편으로 썰어 준비하세요. (3) 팬에 식용유 2큰술을 두르고 편 마늘을 볶아 향을 내주세요. (4) 분량의 양념과 꽈리고추를 넣고 끓여주세요. (5) 양념이 끓기 시작하면 멸치를 넣고 중간 불에서 1분 정도 더 볶아줍니다. (6) 불을 끄고 올리고당 1큰술, 참기름 1큰술, 통깨 약간을 뿌려 마무리합니다.
알찬 팁	· 멸치는 미리 마른 팬에 살짝 덖으면 특유의 비린내를 제거할 수 있어요. · 꽈리고추는 너무 오래 볶으면 흐물해지니 살짝만 볶는 게 좋아요.

양파
장아찌

양파장아찌는 담가두면 두고두고 꺼내 먹기 좋은 밑반찬이에요. 아삭한 식감에 새콤달콤한 양념간장을 더해 만들어보세요.

필수 재료	양파 2개, 청양고추 1개, 홍고추 1개, 레몬 ½개(선택)
양념	간장 5큰술, 물 10큰술, 식초 5큰술, 참치액 1큰술, 설탕 2큰술
조리 과정	(1) 양파는 껍질을 벗기고 큼직하게 깍둑 썰어 준비합니다. (2) 고추는 모두 송송 썰고, 레몬은 깨끗이 씻어 반달 모양으로 얇게 슬라이스해주세요 (선택). (3) 볼에 분량의 양념 재료를 넣고 설탕이 녹도록 잘 섞어줍니다. (4) 준비한 양파, 고추, 레몬을 양념장에 넣고 가볍게 섞은 뒤 밀폐 용기에 담아 냉장고에서 하루 이상 숙성하세요. tip. 하루 뒤부터 먹을 수 있고, 2~3일 뒤가 가장 맛있어요.
알찬 팁	·장아찌를 오래 보관하고 싶다면 장아찌 국물을 끓인 뒤 차갑게 식혀서 사용하세요. ·남은 장아찌 국물은 한번 끓인 뒤 식히면 다시 사용할 수 있어요. ·레몬을 넣으면 산뜻한 향이 살아나고, 양념 맛이 훨씬 더 풍성해져요.

피자식빵

식빵 위에 토마토소스와 좋아하는 재료를 듬뿍 올려 구운 피자식빵. 바삭하면서도 촉촉해 간단한 한 끼로 딱 좋아요.

필수 재료	식빵 2장, 토마토소스 2~3큰술, 모차렐라 치즈 적당량, 비엔나소시지 2~3개, 양파 ¼개, 캔 옥수수 2큰술
양념	케첩이나 마요네즈는 취향에 따라 준비해 먹을 때 뿌려주세요.
조리 과정	(1) 소시지는 얇게 썰고, 양파는 잘게 다지고 캔 옥수수는 물기를 빼서 준비합니다. (2) 식빵 한쪽 면에 토마토소스를 1~1+½큰술 정도 바르고, 손질한 양파와 소시지의 반 분량, 캔 옥수수 1큰술, 모차렐라 치즈 적당량을 올립니다. 동일한 방법으로 하나 더 만들어주세요. (3) 에어프라이어에 넣어 180℃에서 치즈가 녹고 노릇해질 때까지 10분 정도 구워 완성합니다.
알찬 팁	·토마토소스 대신 케첩을 활용해도 좋고, 크림치즈로 대체하면 의외로 색다른 맛을 즐길 수 있어요.

케첩떡볶이

오늘은 색다른 케첩떡볶이를 만들어보면 어떨까요? 매운맛을 부담스러워하는 아이들도 걱정 없이 즐길 수 있는 메뉴예요.

필수 재료	떡 200g, 어묵 2장, 대파 ½대
양념장	케첩 3큰술, 고추장 1큰술, 물엿 2큰술, 설탕 ½큰술, 간장 1큰술
조리 과정	(1) 떡은 찬물에 헹궈 준비한 뒤 대파는 어슷썰기하고, 어묵은 먹기 좋은 크기로 잘라주세요. (2) 볼에 분량의 재료를 잘 넣고 잘 섞어 양념장을 만듭니다. (3) 냄비에 물 300ml를 넣고 준비한 양념장을 풀어주세요. (4) 끓기 시작하면 떡을 넣고 5분 정도 끓인 뒤 어묵과 대파를 넣고 한소끔 더 끓여 마무리합니다.
🧤 알찬 팁	· 기호에 따라 햄이나 치즈를 곁들이면 더욱 맛있어요.

<알찬 살림 TIP ①> 직접 써보니 좋았던 다이소 주방 살림템

1. 채소 다지기

손잡이를 당기면서 간편하게 사용할 수 있는 채소 다지기를 소개해드릴게요. 3중 날로 채소를 쉽게 다져주며, 몸통 중앙에 칼날을 끼워 결합해 안전하게 사용할 수 있습니다. 바닥에는 미끄럼 방지 실리콘이 장착되어 있어 조리할 때 편한 제품이에요. 저는 주로 소량의 채소를 간편하게 다질 때나 이유식, 볶음밥, 동그랑땡 등을 만들 때 사용합니다.

※ 품번: 1006866

2. 알뜰 스푼

열탕 소독 가능한 실리콘 재질의 스푼을 소개해드릴게요. 내열 온도가 230℃, 내냉 온도는 -40℃까지 사용 가능한 이 스푼은 잼, 요거트, 고추장 등 병에 남아 있는 내용물을 싹싹 긁어내거나 덜어낼 때 쓰기 좋습니다. 대·소 사이즈로 상황에 따라 다양하게 활용 가능하며, 양념장을 섞거나 뒤집개로 사용하는 등 다양한 요리에 활용할 수 있습니다.

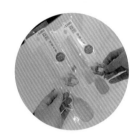

※ 품번: 1019215

3. 밤 가위

혹시 식기세척기를 사용하고 계신가요? 그렇다면 고체 세제를 쉽게 자를 수 있는 아이템을 소개해드릴게요. 저는 식기세척기를 사용할 때 매번 세제를 반으로 잘라 사용하는데 밤 가위를 활용하면 힘들이지 않고 쉽게 자를 수 있어요. 세제를 가위 사이에 넣고 살짝 힘을 주면 뚝딱 잘립니다. 이렇게 잘라서 사용하면 편리하고 효율적으로 활용할 수 있죠. 유용한 밤 가위 활용법! 어떤가요?

※ 품번: 1057411

4. 다용도 미니 칼

손으로 뜯지 않고 간편하게 비닐을 자를 수 있는 아이템을 소개해드릴게요. 다용도 미니 칼로 불리는 이 제품은 끝부분에 작은 삼각형 칼날이 붙어 있어요. 비닐을 깔끔하게 자를 수 있기 때문에 주방에서 사용하기에도 편하고, 페트병에 붙은 라벨을 벗기거나 택배 상자를 오픈할 때 사용해도 좋아요. 활용도가 무궁무진하니 다이소를 방문할 일이 있다면 한 개쯤은 꼭 구입해보세요.

※ 품번: 1017349

〈알찬 살림 TIP ②〉 여름철 쾌적한 주방을 유지하는 방법

1. 배수구 청소법

염기성을 띠는 과탄산소다는 주방 배수구에 쌓인 기름과 오염 등을 효과적으로 제거할 수 있어요. 쉽고 저렴하게 구할 수 있는 과탄산소다와 주방 세제로 주방을 더욱 청결하게 관리해보세요.

준비물 : 과탄산소다+주방 세제

(1) 위생 봉투에 화장지 또는 수세미를 넣고 배수구 구멍을 막아주세요.

(2) 배수구에 종이컵 ½컵 분량의 과탄산소다를 넣고 주방 세제를 2회 펌핑해주세요.

(3) 50℃ 이상의 물1L를 배수구에 천천히 부어주세요.

· 과탄산소다는 찬물에 잘 녹지 않기 때문에 온수를 사용해야 해요. 이때 배수구 망과 커버를 함께 넣으면 동시에 세척할 수 있어요.

(4) 거품이 올라오기 시작하면 위생 봉투로 배수구를 덮은 뒤 30분 기다려주세요.

(5) 배수구를 막아둔 위생 봉투를 빼낸 뒤 흐르는 물로 씻습니다.

(6) 남은 얼룩은 수세미로 깨끗이 닦아주세요.

※ 작업 시 주의할 점

· 물 온도는 50~60℃가 적당해요. 너무 뜨거운 물은 배수구나 파이프에 손상을 줄 수 있으니 주의하세요.

· 과탄산소다와 세제를 섞을 때 나오는 기체가 호흡기 건강에 좋지 않은 영향을 수 있으니, 환기가 잘되는 곳에서 작업하세요.

· 위생 봉투로 배수구를 덮을 때는 배수구가 잘 막혔는지 한번 더 확인하고, 봉투를 빼낼 때는 물이 튀지 않도록 조심하세요.

2. 싱크대 물때 청소법

강력한 산성을 띠는 구연산은 주방, 욕실 등 물때를 제거할 때 효과적이에요. 적은 양으로도 물때에 함유된 유기물을 분해해 손쉽게 제거할 수 있게 해줍니다.

준비물 : 구연산수

(1) 종이컵 1컵 분량의 미지근한 물을 준비한 뒤 구연산 ½스푼을 섞어주세요.

(2) 구연산수를 뿌린 후 30분 정도 기다려주세요.

· 싱크대 수전은 키친타월로 덮은 뒤 구연산수를 뿌리면 좋아요.

(3) 부드러운 수세미나 청소용 솔로 닦아낸 뒤 따뜻한 물을 뿌려 헹구세요.

(4) 스쿼지나 행주로 남은 물기를 닦아내세요.

※ 작업 시 주의할 점

· 구연산수가 피부나 눈에 닿지 않도록 주의하세요. 특히 구연산을 뿌린 후 바로 손으로 만지기보다는 장갑을 끼는 것이 더 안전해요.

· 구연산은 강한 산성이기 때문에 표면에 구연산이 남지 않도록 따뜻한 물로 충분히 헹궈주세요. 장시간 방치하거나 과도하게 사용하면 금속 표면이 손상될 수 있어요.

3. 전자레인지 청소법

약한 염기성을 띠는 베이킹 소다를 활용하면 전자레인지 내부에 쌓인 기름과 얼룩을 효과적으로 제거할 수 있어요.

준비물 : 베이킹 소다

(1) 전자레인지용 용기에 베이킹 소다와 물을 1:3 비율로 넣고 섞어주세요.

(2) 전자레인지에 넣고 5분간 돌린 후 30초 정도 더 기다렸다가 문을 열어주세요.

· 물과 베이킹 소다가 수증기를 발생시켜 전자레인지 내부의 얼룩을 녹이는 역할을 해요.

(3) 행주로 닦아내면 가볍게 얼룩을 제거할 수 있습니다.

※ 작업 시 주의할 점

· 전자레인지 문을 열 때 뜨거운 수증기가 나올 수 있으니, 손이나 얼굴에 다치지 않도록 조심하세요. 문을 열기 전에 수증기가 어느 정도 식을 때까지 잠시 기다렸다가 열면 안전해요.

· 전자레인지에 넣어도 안전한 용기를 사용해주세요.

· 청소 후 하얀 베이킹 소다 잔여물이 남지 않도록 내부를 잘 닦아주는 것이 중요해요. 마른행주보다 살짝 젖은 행주로 닦는 것이 더 효과적이에요.

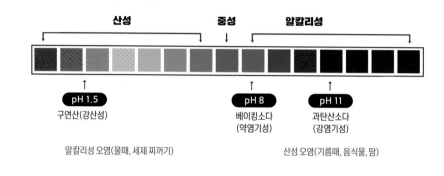

| 산성 | | 중성 | 알칼리성 | |

↑
pH 1.5
구연산(강산성)

↑
pH 8
베이킹소다
(약염기성)

↑
pH 11
과탄산소다
(강염기성)

알칼리성 오염(물때, 세제 찌꺼기)   산성 오염(기름때, 음식물, 땀)

<알찬 살림 TIP ③> 가을맞이 청소 노하우렴

신선한 바람이 불기 시작하는 가을, 새로운 계절을 맞이하기 위해서는 쾌적한 환경을 만들어주는 것도 중요하죠. 여름 동안 사용한 선풍기와 장마철을 보낸 방충망과 창틀에 다양한 먼지가 쌓여 있을 거예요. 가을을 더욱 즐겁고 건강하게 보내기 위해 손쉽고 효과적으로 청소할 수 있는 방법을 알려드릴게요. 함께 따라 해보세요.

1. 선풍기 청소

준비물 : 베이킹 소다, 큰 대야 또는 욕조, 부드러운 솔, 따뜻한 물

(1) 선풍기의 몸체와 날개를 분리하세요.

(2) 큰 대야나 욕조에 부품을 넣고, 따뜻한 물을 부은 후 베이킹 소다를 넣고 30분 정도 때를 불려주세요.

(3) 부드러운 솔로 선풍기 부품에 묻은 얼룩을 닦아내세요.

(4) 베이킹 소다가 남지 않도록 흐르는 물에 잘 씻어낸 뒤, 부품을 완전히 건조시키세요.

· 일반적으로 청소할 때 베이킹 소다는 베이킹 소다:물을 1:3 비율로 사용합니다.

· 때를 불리면 청소할 때 힘을 들이지 않아도 쉽게 먼지와 오염 물질을 제거할 수 있어요.

2. 방충망 청소

준비물 : 수면 양말, 쌀뜨물

(1) 수면 양말에 쌀뜨물을 적신 후 물기를 꽉 짜주세요.

(2) 손에 힘을 뺀 상태로 부드럽게 방충망을 닦아내세요.

(3) 세척한 후에는 마른걸레로 한번 더 닦아주세요.

· 수면 양말의 부드러운 섬유가 방충망을 손상시키지 않으면서 먼지를 부드럽게 닦아내요.

· 쌀뜨물은 부드럽고 미세한 입자를 함유해 먼지 흡착에 도움을 줘요.

· 세제를 사용하지 않기 때문에, 물 세척을 추가로 하지 않아도 돼요.

· 방충망을 세게 눌러서 세척하면 구멍이 생기거나 찢어질 수 있으므로 힘을 빼고 부드럽게 닦는 것이 중요해요.

· 비가 내린 다음 날 방충망 청소를 하는 것도 좋은 방법이에요. 비가 내리면 외부 먼지와 오염 물질이 줄어들고, 오염 물질이 물에 불어 더 쉽게 청소할 수 있어요.

3. 창틀 청소

준비물 : 주방 세제, 미지근한 물, 붓, 걸레, 작은 대야

(1) 작은 대야에 물 1컵과 주방 세제 1~2방울을 섞어주세요.

(2) 붓에 세제 푼 물을 묻혀 창틀 구석구석을 닦아주세요.

(3) 마른걸레로 물기와 거품을 닦아내세요.

· 미지근한 물은 세제가 잘 풀리게 도와주고, 세척력을 높여줘요.

· 붓을 사용하면 좁은 공간까지 구석구석 쉽게 닦을 수 있어요.

〈알찬 살림 TIP ④〉 제로 웨이스트를 위한 재활용 아이디어

제로 웨이스트(zero waste)란 쓰레기를 최소화하고 환경을 보호하기 위한 라이프스타일을 뜻해요. 일상에서 무심코 버려지는 것도 자세히 들여다보면 재활용할 방법이 있죠. 사용한 물건을 다시 활용함으로써 자원 낭비를 줄이고 더 나은 환경을 위한 첫걸음이 될 수 있어요. 작은 노력으로도 큰 변화를 이끌어내는 제로웨이스트 라이프스타일을 실천해보세요.

1. 과일 망: 주방 수세미

과일을 구입하면 함께 포장되어 있는 과일 완충재는 분리수거가 불가능하다는 사실을 알고 계신가요? 언뜻 스티로폼처럼 보이지만 EPE(확장 폴리에틸렌) 재질로 이루어져 분리수거가 어렵다고 해요. 어차피 일반 쓰레기로 버려야 한다면 주방에서 재활용해보세요. 양념이 묻은 그릇을 씻을 때 애벌 세척용으로 활용할 수 있으며, 배수구 청소를 할 때도 유용하게 활용할 수 있습니다.

2. 물티슈 캡: 콘센트 덮개

집 안에서 사용하지 않는 콘센트를 가리고 싶다면 물티슈 캡을 사용해보세요. 물티슈에서 캡만 분리한 뒤 양면테이프로 원하는 위치에 붙여주세요. 먼지가 쌓이는 걸 방지해주고, 어린 자녀가 있다면 안전 커버로 활용할 수 있습니다.

※ 이때 물티슈 캡에 붙어 있는 스티커는 드라이어로 열을 가하면 쉽게 떼어낼 수 있습니다.

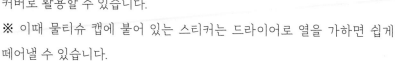

3. 물티슈 캡: 소품 보관함

물티슈 캡 2개를 서로 맞붙이면 소품 보관함으로 활용할 수 있어요. 잃어버리기 쉬운 헤어밴드, 고무줄, 실핀 등 작은 물건을 넣어두세요.

4. 페트병 뚜껑: 비누 받침대

화장실이나 주방에서 사용하는 비누에 페트병 뚜껑을 끼워 사용하면 바닥에 비누가 닿지 않아 무르지 않고 깔끔하게 사용할 수 있어요.

5. 페트병 뚜껑: 콘센트 마개

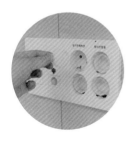

알게 모르게 먼지가 잘 쌓이는 콘센트. 페트병 뚜껑을 콘센트 구멍에 끼워 넣으면 맞춘 듯 딱 들어가요. 먼지가 쌓이는 걸 방지해주고 어린 자녀가 있다면 안전 커버로 활용할 수 있죠.

6. 고무장갑: 냉동식품 밀봉 끈

구멍난 고무장갑이 있다면 버리지 말고 밀봉 끈으로 활용해보세요. 냉동식품이나 밀가루, 먹다 남은 과자 봉지 등 밀봉이 필요한 곳에 고무장갑을 감아 보관하면 탄탄하게 고정됩니다. 사이즈가 작은 끈이 필요하다면 고무장갑의 손가락 부위를 잘라서 활용하고 사이즈가 비교적 큰 것이 필요하다면 손목 부위를 잘라서 활용하세요.

장 볼 때 덜 고민되게, 재료 낭비 없이 알차게.

오늘 이 책의 한 페이지가

여러분 식탁에

'이렇게도 해볼 수 있겠구나' 싶은

작은 힌트가 되어주길 바랍니다.

유튜브 '살림나라 알뜰공주'